しない
デザイン

平本久美子［著］

はじめに

皆さんこんにちは！グラフィックデザイナーの平本です。

2016年、私は『やってはいけないデザイン』という本を書きました。本職はデザイナーではないけれど、デザインしなければならない、ノンデザイナーの方々に向けたデザイン本です。

読者の方々から高いレビューをいただいたおかげで11刷を達成し、全国の書店や図書館、学校に置いていただくだけでなく、韓国と中国でも翻訳版が刊行されました。

その『やってはいけないデザイン』をきっかけに、ノンデザイナーの方々を対象としたデザイン講座でお話しする機会が増え、2019年からは（公社）日本広報協会の広報アドバイザーとして、全国の自治体や団体の広報担当者を対象とした広報研修などに登壇させていただいています。

講座では、デザインのNGポイントと改善策、デザインよりも前に大切なこと、すぐに使えるテクニックなどを中心に、シンプルなスライドと、わかりやすい言葉を使ってお話ししています。

受講者アンケートでは毎回90％以上の方に「満足」のご回答をいただき、「すぐに実践してみたくなった」「具体例がわかりやすかった」「スライドが見やすかった」「広報の考え方が180度変わった」など、励みになるご感想を数多くいただいています。

本著『失敗しないデザイン』は、そんなデザイン講座でお話ししてきた
スライドと解説を一冊にまとめた本です。

前著はデザインNG例＆改善テクニック集でしたが、この本ではそれら
のテクニックを実際のチラシやポスターなどに活かすための解説が中心
です。デザインの基礎を、わかりやすく実践的にご紹介しています。

各章はこれまでの講座をベースに構成していますが、講座では時間の都
合上どうしてもお話しし切れなかった内容や、新しいビフォー＆アフター
作例も追加し、前著をお読みいただいた方にも、より具体的にデザイン
の基礎を学んでいただけます。

SNSの流行でユーザーの見る目がますます肥え、手軽に使えるデザイ
ンツールも増えてきたこの時代、「ノンデザイナーのデザインスキル」は、
幅広い業種で強い武器になります。皆さんのスキルアップに、ぜひこの
本をお役立ていただければ幸いです。

平本 久美子

もくじ

講師の平本です。
よろしくお願いします！

プロフィール／平本　久美子（ひらもと・くみこ）

グラフィックデザイナー。1976年生まれ、横浜市出身、奈良県生駒市在住。イベントポスターやチラシ、パンフレット、WEBなど、地域に根ざしたデザインを手がける傍ら、（公社）日本広報協会 広報アドバイザーとして、全国各地でノンデザイナー向けチラシづくり講座の講師を務める。代表著書に『やってはいけないデザイン』。そのわかりやすさが話題を呼び、ノンデザイナー向けデザイン書の定番となっている。

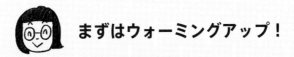 まずはウォーミングアップ！

このデザイン、
どこが 失敗 してるか
言えますか？

絵本読み聞かせ イベントのチラシ。 どこが 失敗 してる？

惜しいポイントを 3 つ挙げてみましょう。

① _____

② _____

③ _____

2019年度

おとなもこどもも楽しもう！

えほんのひろば

小さなお子さまとその保護者を対象に図書館司書
や翔泳おはなしの会の方によるわらべうた遊び
や、えほんの読み聞かせを行っています。
ほんのひととき、子どもと一緒にえほんを楽しん
でみませんか？
本のスペシャリストへの
相談タイムもあります。
どうぞお気軽におこしください。

☆開催日
　下記の日程で行います

☆時間
　午前１０時〜午前１０時４５分

☆対象者
　おおむね０歳〜３歳の子どもと
　その保護者

☆参加費
　無料（申込みは不要です）

＜開催日＞

5月8日	6月5日	7月3日	9月4日	10月2日
11月6日	12月4日	1月8日	2月5日	3月4日

翔泳駅
南口

駅前翔泳ビル 3F

しょうえい通り

病院

翔泳市役所

P

翔泳駅南駐車場

〇場　所
子育て支援総合センター翔
ふれあいルーム
　　（駅前翔泳ビル ３階）

〇問い合わせ

子育て支援総合センター翔
電話：0123-456-7890

えほんのひろばご参加で翔泳駅南自動車駐車場をご利用の場合は、９０分の無料券をお渡し
しますので申し出てください。駐車券は必ず提示してください。
子育てママパスをお持ちの方は併用できませんのでご了承ください。
※午前８時３０分現在翔泳市に気象警報発令時は中止

正解は次のページ ……〉

失敗 ポイントはここ！

パッ！と ☆ 目に入らない

言葉がカタイ

楽しいイベントなのに…

ギュウギュウづめ

全体的に 文字が多い

なんでも 囲みがち

フォントに 時代を感じる

おとなもこどもも楽しもう！

2019年度

えほんのひろば

小さなお子さまとその保護者を対象に図書館司書や翔泳おはなしの会の方によるわらべうた遊びや、えほんの読み聞かせを行っています。
ほんのひととき、子どもと一緒にえほんを楽しんでみませんか？
本のスペシャリストへの相談タイムもあります。
どうぞお気軽におこしください。

☆開催日
　下記の日程で行います

☆時間
　午前10時～午前10時45分

☆対象者
　おおむね0歳～3歳の子どもと
　その保護者

☆参加費
　無料（申込みは不要です）

＜開催日＞

5月8日	6月5日	7月3日	9月4日	10月2日
11月6日	12月4日	1月8日	2月5日	3月4日

翔泳駅
南口
駅前翔泳ビル 3F
しょうえい通り
病院
翔泳市役所
P
翔泳駅南駐車場

○場　所
　子育て支援総合センター翔
　ふれあいルーム
　（駅前翔泳ビル 3階）

○問い合わせ
　子育て支援総合センター翔
　電話：0123-456-7890

えほんのひろばご参加で翔泳駅南自動車駐車場をご利用の場合は、90分の無料券をお渡しします
のでお申し出てください。駐車券は必ず提示してください。
子育てママパスをお持ちの方は併用できませんのでご了承ください。
※午前8時30分現在翔泳市に気象警報発令時は中止

デザインのコツがわかれば こんなに変わる！

えほんのひろば

てあそび・読み聞かせ

無料
申込不要

対象
市内に住む
0〜3才

小さなお子さまとその保護者を対象に、図書館司書や翔泳おはなしの会の方によるわらべうた遊びや、えほんの読み聞かせを行っています。本のスペシャリストへの相談タイムも！どうぞお気軽におこしください。

開催日 🕙 10:00 〜 10:45

- 5/8（水）
- 6/5（水）
- 7/3（水）
- 9/4（水）
- 10/2（水）
- 11/6（水）
- 12/4（水）
- 1/8（水）
- 2/5（水）
- 3/4（水）

場所

子育て支援総合センター翔
ふれあいルーム（駅前翔泳ビル 3F）

＜電車でお越しの場合＞
翔泳駅南口から徒歩３分

＜お車でお越しの場合＞
翔泳駅南自動車駐車場の駐車券のご提示で、
９０分の無料券をお渡しします。

- 翔泳駅 - - - - -
南口
駅前翔泳ビル 3F
しょうえい通り
病院
翔泳市役所
P
翔泳駅南駐車場

※子育てママパスをお持ちの方は併用できませんのでご了承ください。
※午前８時３０分現在翔泳市に気象警報発令時は中止します。

お問合せ：子育て支援総合センター翔
電話：0123-456-7890

BEFORE & AFTER の詳細は **P.43** から

お寺の掲示板に貼る イベントのポスター。 どこが 失敗 してる？

惜しいポイントを 3 つ挙げてみましょう。

①
....

②
....

③
....

真宗大谷派　天満別院　東本願寺

4月度 定例法話

法話 多田 孝圓 師

大阪教区第7組圓乗寺住職

講題「いのちの願いに生きる」

浄土真宗の法話を聞いてみませんか!

2019 4/24(水) 午後 1:30 から

(3:30 頃まで)

・午後1時半より勤行があります、その後から法話です
・どなたでもご自由にお参りください

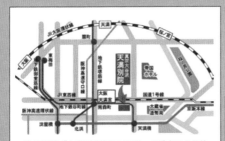

JR東西線「大阪天満宮駅」下車、2番出口より徒歩約3分。または、地下鉄谷町線・堺筋線「南森町」下車、JRの2番出口より徒歩約3分。または、地下鉄谷町線・京阪線「天満橋」下車2番出口より徒歩約10分。

真宗大谷派 (東本願寺)　天満別院

〒530-0044
大阪市北区東天満 1-8-26
☎06-6351-3535

天満別院ホームページ http://www.tenma-betsuin.jp/

正解は次のページ ……⟶

失敗 ポイントはここ！

主役 が いない

文字サイズに メリハリがない

真宗大谷派　**天満別院**　東本願寺

4月度 定例法話

法話 多田 孝圓 師

大阪教区第7組圓乗寺住職

講題「いのちの願いに生きる」

浄土真宗の 法話を聞い てみません か！

2019 **4/24(水)** 午後 **1:30** から

（3:30 頃まで）

・午後1時半より勤行があります、その後から法話です
・どなたでもご自由にお参りください

余白 が 少ない

JR東西線「大阪天満宮駅」下車、2番出口より徒
歩約3分。または、地下鉄谷町線・堺筋線「南森
町」下車、JRの2番出口より徒歩約3分。また
は、地下鉄谷町線・京阪本線「天満橋」下車2番出
口より徒歩約10分。

真宗大谷派 (東本願寺)
〒530-0044　　　　　　天満別院
大阪市北区東天満1-8-26
☎06-6351-3535

配色がカジュアルすぎる

天満別院ホームページ http://www.tenma-betsuin.jp/

地図 が一番 目立っている…◉◉！

遠くから見ても
パッと伝わるデザインに

真宗大谷派
東本願寺

天満別院

定例法話

4月の法話 ┃ 大阪教区第7組 圓乗寺 住職
多田 孝圓 師

「いのちの願いに生きる」

4／24 水

13:30 から
（15:30 頃まで）

アクセス

真宗大谷派（東本願寺）
天満別院
〒530-0044
大阪市北区東天満 1-8-26
☎ 06-6351-3535

JR 東西線「大阪天満宮駅」
2番出口より徒歩約3分

地下鉄谷町線・堺筋線「南森町」
JR 2番出口より徒歩約3分

地下鉄谷町線・京阪線「天満橋」
2番出口より徒歩約10分

BEFORE & AFTER の詳細は **P.83** から

一色刷り広報紙の中面レイアウト。どこが失敗してる？

惜しいポイントを 3 つ挙げてみましょう。

①
....

②
....

③
....

認知症になっても暮らしやすいまちづくり

当協議会は生駒市から委託を受けて生駒市認知症高齢者等見守り事業《認知症支え隊》を実施しています。

《認知症支え隊って？》

サロンが楽しみなのに、日にちを忘れてしまって、今回も参加できなかったな…

こんな悩みを持つかたと、サロン当日に電話や会場まで付添いができる隊員（ボランティア）をつなぐ等、住民同士ができる支え合いの活動を実施しています。

昨年秋、今年度で3回目となる認知症支え隊養成講座が実施されました。講座では認知症についての医学知識や支援の方法について学び、認知症のかたやご家族のお話を伺って理解を深めています。受講者同士の話合いでは活発な意見交換が行われ、認知症になっても暮らしやすいまちをつくろうとの熱い気持ちとやる気を持ったたくさんのかたが隊員登録し、活動されています。

○利用についてのご相談は、生駒市地域包括ケア推進課や地域包括支援センターにご連絡ください。

ボランティア活動保険の更新手続きについて

令和元年度にご加入いただきましたボランティア活動保険の補償期間は、令和2年3月31日（火）までです。引き続きボランティア活動を継続し、保険加入を希望されるかたは、令和2年度分の加入手続きが必要です。

4月1日から補償しうるためには、3月中に手続きをお願いします。

※用紙の配布は3月1日から行います。

○受付け・問合せ
生駒市社会福祉協議会
（Tel 75-0234）

家計の不安を相談してみませんか？

借金や住宅ローン、税金の滞納、介護の費用など、生活に関わるお金について不安を感じていませんか。家計を見直すといっても、家計簿をつけたことがなく、ひと月の収支は把握できていない…など

司法書士と社協職員が家計の困り事をうかがい、解決策を考え、家計立て直しのお手伝いをします。

○問合せ
生駒市くらしとしごと支援センター
（Tel 0120-883-132）

○時間　午前9時～午後5時

相談日一覧

あなたのその悩み、一緒に解決しましょう！

相談の種類	相談員	とき	ところ	予約	連絡先
心配ごと相談	民生委員 児童委員	毎週木曜日 午後1時～午後4時	生駒セイセイビル4階 （元町1-6-12）	―	生駒市社会福祉協議会 Tel 75-0234 Fax 73-0533
無料家計相談	司法書士 社協職員	1/8・2/12・3/11 午後1時30分～午後3時30分		要	生駒市くらしとしごと支援センター Tel 0120-883-132
成年後見制度 無料相談	司法書士 社協職員 （社会福祉士）	2/20・3/19（1月は休み） 午後1時30分～午後3時30分	生駒市福祉センター （さつき台2-6-1）	要	生駒市権利擁護支援センター Tel 73-0780 Fax 73-0294 （日、月、祝日を除く）
高齢者・障がい者のための無料法律相談	弁護士	1/23・2/13・2/27・3/12・3/26 午後1時30分～午後3時30分		要	

♪相談は無料で、秘密は固く守られます。日時など変更になる場合がありますので事前に電話でご確認ください。

善意銀行の預託者（令和元年9月～12月）

● ○○○○　● ○○○○○○

(敬称略)

正解は次のページ ……→

失敗 ポイントはここ！

余白 が 少ない

3　社協だよりこまNo.111

認知症になっても暮らしやすいまちづくり

当協議会は生駒市から委託を受けて生駒市認知症高齢者等見守り事業《認知症支え隊》を実施しています。

《認知症支え隊って？》

サロンが楽しみなのに、日にちを忘れてしまって、今回も参加できなかったな…

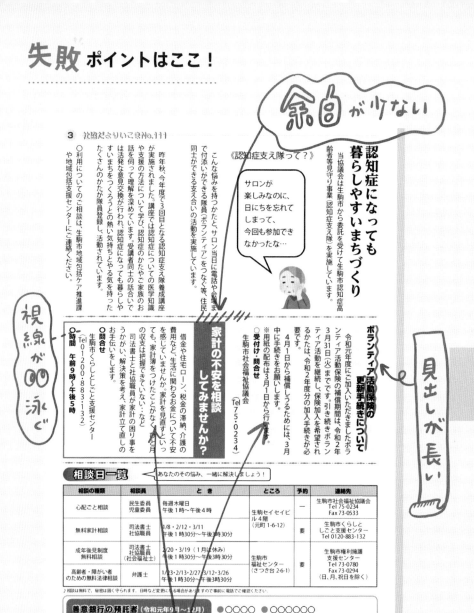

こんな悩みを持つかたと、サロン当日に電話や訪問で付添いができる隊員《ボランティア》をつなぐ等、住民同士ができる支え合いの活動を実施しています。

昨年秋、今年度で3回目となる認知症支え隊養成講座が実施されました。講座では認知症に関する医学知識や支援の方法について学び、認知症になってやご家族のお話を伺って理解を深めています。受講者同士の話合いで認知症になっても暮らしやすいまちをつくろうという熱い気持ちやる気を持ったたくさんのかたが隊員登録し、活動されています。

○利用についてのご相談は、生駒市地域包括ケア推進課や地域包括支援センターにご連絡ください。

視線が〇〇泳ぐ

ボランティア活動保険の更新手続きについて

令和元年度にご加入いただきましたボランティア活動保険の補償期間は、令和2年3月31日（火）までです。引き続きボランティア活動を継続し、保険加入を希望されるかたは、令和2年度分の加入手続きが必要です。

4月1日から補償してもらうためには、3月に手続きをお願いします。
※用紙の配布は3月1日から行います。

○受付け・問合せ
生駒市社会福祉協議会
（Tel 75-0234）

家計の不安を相談してみませんか？

借金や住宅ローン、税金の滞納、介護の費用など、生活に関わるお金について不安を感じていませんか。家計を見直すという視点で、家計簿をつけたことがなくても、その月の収支を把握できていないなど、司法書士と社協職員が家計の困り事をうかがい、解決策を考え、家計立て直しのお手伝いをします。

○問合せ
生駒市くらしとしごと支援センター
（Tel 0120-883-132）
○時間　午前9時～午後5時

見出しが長い

相談日一覧

あなたのその悩み、一緒に解決しましょう！

相談の種類	相談員	とき	ところ	予約	連絡先
心配ごと相談	民生委員児童委員	毎週木曜日午後1時～午後4時	生駒セイセイビル4階（元町1-6-12）	―	生駒市社会福祉協議会 Tel 75-0234 Fax 73-0533
無料家計相談	司法書士社協職員	1/8・2/12・3/11 午後1時30分～午後3時30分		要	生駒市くらしとしごと支援センター Tel 0120-883-132
成年後見制度無料相談	司法書士社協職員（社会福祉士）	2/20・3/19（1月は休み）午後1時30分～午後3時30分	生駒市福祉センター（さつき台2-6-1）	要	生駒市権利擁護支援センター Tel 73-0780 Fax 73-0294（日、月、祝日を除く）
高齢者・障がい者のための無料法律相談	弁護士	1/23・2/13・2/27・3/12・3/26 午後1時30分～午後3時30分		要	

♪相談は無料で、秘密は固く守られます。日時など変更になる場合がありますので事前に電話でご確認ください。

善意銀行の預託者（令和元年9月～12月）●○○○○　●○○○○○○
（敬称略）

デザインに統一感がない

3　社協だよりいこま No.111

認知症支え隊

認知症になっても暮らしやすいまちづくり

当協議会は生駒市から委託を受けて、生駒市認知症高齢者等見守り事業「認知症支え隊」を実施しています。

サロンが楽しみなのに、日にちを忘れてしまって、今回も参加できなかったな…

こんな悩みを持つかたと、サロン当日に、電話や会場まで付添いができる隊員（ボランティア）をつなぐ等、住民同士ができる支え合いの活動を実施しています。

昨年秋、今年度で3回目となる認知症支え隊養成講座が実施されました。講座では認知症についての医学知識や支援の方法について学び、認知症のかたやご家族のお話を伺って理解を深めています。受講者同士の話合いでは活発な意見交換が行われ、認知症になっても暮らしやすいまちをつくろうとの熱い気持ちとやる気を持ったたくさんのかたが隊員登録し、活動されています。

○ご利用についてのご相談は、生駒市地域包括ケア推進課または地域包括支援センターにご連絡ください。

ボランティア活動保険
更新手続きについて

令和元年度にご加入いただきましたボランティア活動保険の補償期間は、令和2年3月31日(火)までです。引き続き保険加入を希望されるかたは、令和2年度分の加入手続きが必要です。
4月1日から補償するためには、3月中に手続きをお願いします。
※用紙の配布は3月1日から行います

◆受付・問合せ
生駒市社会福祉協議会
Tel：75-0234

家計の不安
何でもお気軽にご相談下さい

借金や住宅ローン、税金の滞納、介護の費用など、生活に関わるお金について不安を感じていませんか。家計を見直すといっても、家計簿をつけたことがなく、ひと月の収支は把握できていない…など。
司法書士と社協職員が家計の困り事をうかがい、解決策を考え、家計立て直しのお手伝いをします。

◆問合せ（午前9時～午後5時）
生駒市くらしとしごと支援センター
Tel：0120-883-132

ひとりで悩まず、お気軽にご相談ください。

相談の種類	相談員	とき	ところ	予約	連絡先
心配ごと相談	民生委員 児童委員	毎週木曜日 午後1時～午後4時	生駒セイセイビル 4階（元町1-6-12）	—	社会福祉協議会 Tel 75-0234 Fax 73-0533
無料家計相談	司法書士 社協職員	1/8・2/12・3/11 午後1時30分～午後3時30分		要	生駒市くらしとしごと支援センター Tel 0120-883-132
成年後見制度 無料相談	司法書士 社協職員（社会福祉士）	2/20・3/19（1月は休み） 午後1時30分～午後3時30分	生駒市 福祉センター（さつき台2-6-1）	要	生駒市権利擁護 支援センター Tel 73-0780 Fax 73-0294（日、月、祝日を除く）
高齢者・障がい者のための無料法律相談	弁護士	1/23・2/13・2/27・3/12・3/26 午後1時30分～午後3時30分			

♪相談は無料で、秘密は固く守られます。日時など変更になる場合がありますので事前に電話でご確認ください。

善意銀行の預託者
（令和元年9月中旬～12月上旬）　●○○○○　●○○○○○○○○
（敬称略）

BEFORE & AFTER の詳細は **P.163** から

19

失敗ポイント、
いくつわかりましたか？

ポイントがズバリわからなくても、何とな〜く
垢抜けない感じや、素人さんっぽい雰囲気を感
じたのではないでしょうか。せっかく素敵な企
画や商品があっても、デザインのせいで伝わら
なかったり、ましてマイナスイメージを与えて
しまうのはもったいないですよね。そんな失敗
を避けるためにも、ちょっとした工夫でデザイ
ンの印象がグッとよくなるコツを学ぶデザイン
講座、早速始めていきましょう！
まず1時間目は「デザインする前に必ず決める
2つのこと」。あることをしっかり決めておけば、
作業効率もアップしますよ！

1時間目

デザインする前に…
必ず決める2つのこと

チラシを作り始めるとき

```
┌─────────────────────┐
│   原稿を書く         │
└─────────────────────┘
          ↓
┌─────────────────────┐
│   デザインする       │
└─────────────────────┘
```

 皆さんが「チラシを作ろう」と思ったとき、まずどんなレイアウトにしようとか、何色にしようとか、いきなり見た目のことから考え始めていないでしょうか。

「デザイン」というと、いわゆるグラフィックデザイン＝見た目のデザインが重要と思われるかもしれませんが、その前の、原稿の段階からしっかり考えることが大切です。情報のデザインですね。

チラシの良し悪しはこの「原稿作り」で決まると言ってもいいほど、とても重要な工程です。よく推敲された原稿は、文章を読んだだけでワクワクしたり、行ってみたいと思わせる力があります。

この時間ではまず、そういった魅力的な原稿を書くために、デザインする前に必ず決めておきたいポイントを2つ、ご紹介します。

デザインする前に必ず決めること①

ターゲット

✕「どなたでも大歓迎」

まず1つ目は、ターゲットです。
どんなチラシでも、ポスターでも、WEBでも、毎回必ず決めましょう。

イベントのチラシなどを拝見していますと、こんなキャッチ
コピーを大変よく見かけます。「**どなたでも大歓迎**」。

とにかくたくさんの人に来てほしい気持ちから、ついつい書いてしまい
がちな便利な言葉なんですが、実はこれほどのＮＧワードはありません。
これでは<u>ターゲットが定まっていないので、届けたい相手に届きにくい</u>。
まるで逆効果なんですね。

架空のランニング教室のチラシを例にして、なぜターゲットを決めない
ことがＮＧなのか、詳しく見ていきましょう。

ターゲットを決めずに作ったチラシ例

これは特にターゲットを決めずに作ったチラシの例です。
出ました、「どなたでも大歓迎」。

ただ「ランニング教室があるよ、みんな来てね」ということだけを書いています。走ることが好きで健康意識も高い人ならば、来てくれるかもしれません。

しかし開催側には、「むしろ運動不足な人に来てもらい、健康意識を高めてもらいたい」という意図があるのではないでしょうか。その気持ちの現れとして、ついついNGワードの「どなたでも大歓迎」を書いてしまうわけです。

でも実際、運動不足な人がこのチラシを見ても、よほど強い意志がない限り、ここに参加しようと思えません。なぜでしょうか。

その人にとって走ること自体が、ハードルの高いことだからです。
例えば、走るのが苦手なお子さんを持つお母さんがこれを見たら、
行かせてみようと思えるでしょうか。

「どなたでも大歓迎」とは書いてあるけれど、何となく足の速い人たち
が集まっていそうなイメージがして、「うちの子が行ったら迷惑をかけ
てしまうかも……」と、弱気になってしまうかもしれません。

走るのが苦手な人にも来てほしくて「どなたでも大歓迎」と書いたのに、
このように正反対の結果を招いてしまいがちなのは、ターゲットをしっ
かり決めていないことが原因です。

では、きちんとターゲットを決めて伝えると、
どうなるでしょうか。次にそんな「走るのが苦手なお子さん」
をターゲットにして、書き方を変えてみます。

「走るのが苦手な子ども」がターゲット

これならどうでしょうか。
キャッチコピーで「走るのが苦手でもだいじょうぶ！」と言ってくれているので安心感がありますね。
「運動会で１位を目指そう」という具体的な目標も見えて、前向きな気持ちになれます。

そして、ターゲットがはっきりしているので、お母さんは「うちの子が行っても大丈夫だな」と思えるだけでなく、「この教室に行けば苦手を克服できるかもしれない」と期待することができます。

ここまで聞いて、皆さん思ったかもしれません。「確かにターゲットは定まったけど、企画からゴッソリ変わっちゃってる」と。

そうなんです。企画段階からターゲットが決まっていないと、
いくらチラシを作ってみても、いいデザインにはならないんです。

ターゲットが決まっていない

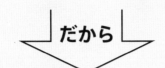

無難になる

ターゲットを絞ると分母が減るので、参加者が減ってしまうんじゃない
かと心配になるかもしれません。でも実際はその逆です。

ターゲットを絞らないから、最大公約数的でマンネリ化した、
無難で退屈な企画になり、素通りされてしまうのです。

どんな分野でも競争の激しい昨今、よりユニークで尖った企画が人の目
を引きます。道行く人に気づいてもらうためには、ターゲットを決め、
その人にどう動いてほしいのか意識することが不可欠です。

限られた予算で広告のパフォーマンスを上げるには、
デザインよりも前に、ターゲットを狙って企画することがとても大切です。

悪いチラシは、一方的に言うだけ

悲しいかな、広告は基本的に嫌われ者です。ラックのチラシは見向きもされず、ポストのチラシは大半が捨てられます。そんな中でも、思わず目が留まる「良いチラシ」とは、どんなチラシでしょうか。

悪いチラシは、特にターゲットを定めず、ただ一方的に「こんなイベントがある」「こんな商品やサービスが発売された」「こんなお店がオープンした」ことだけをお知らせするのチラシです。

道行く皆さんはお忙しいですから、「みなさーん！ランニング教室ができましたよー！」とだけ言われても、よほど興味がない限り、振り向いてはくれません。

広告と、それを見る人が共有できる時間はほんのわずかです。
良いチラシは、その短い時間で見る人の心をつかめるチラシです。

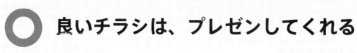

良いチラシは、プレゼンしてくれる

ターゲットの目線から見たイベントやサービス、商品の価値を、見る人にしっかりプレゼンできるチラシ。それができて初めて、チラシが広告として機能してくれます。

「自分たちが出したい情報」だけを一方的に載せるのではなく、「ターゲットが欲しい情報」が何かを考える。そのためには、ターゲット像をより具体的にして、その人の立場になりきって考える必要があります。

この教室であれば、子どもの年齢だけでなく、どこに住んでいて、どのくらい運動が苦手で、どんな悩みを持っているのか、親御さんが教室に求めるものは何か……といった背景まで細かく想像します。

ターゲットの立ち位置から考えることで、そのターゲットが何を求めているか、それに対して自分は何を提案すべきかが見えてきます。

ターゲットが明確だと、決めやすい

同じランニング教室でも、キッズ向け、美容意識の高い女性向け、健康年齢を上げたいシニア向けでは、こんなふうに見せ方が変わりますね。

ターゲットが明確だと、制作工程でいろいろと決めやすくなります。

まず、チラシの内容。どんな情報が必要か、逆に不要な情報はないか、ターゲットが求める情報を基準に内容を構成できます。

また、タイトル、コピー、本文にどんな言葉を使うか迷ったときも、ターゲットの感覚に合った言葉を選ぶようにします。

そして、デザイン。ターゲットの好みに合わせた配色、装飾、形、画像などのイメージだけでなく、学生向けとシニア向けではフォントサイズを変えるなど、機能面からもデザインを考える基準ができます。

決めやすいから、**時短になる！**

企　画	内　容
原　稿	言　葉
デザイン	告知方法

最後にこれはチラシが完成した後ですが、ターゲットが明確であれば、チラシをどこに置くか、どこで配るか、誰に送るか、といった告知方法も決めやすくなります。

役所や施設にドン！と置くだけより、キッズ向けなら幼稚園や小学校、主婦層向けならカフェなど、狙ったターゲットの目に触れる場所にポスターを掲示したり、チラシを置いたりすることで、もっと積極的に告知できます。

もしターゲットを決めていないと、これらを検討するとき、さて何を書こう、どんなデザインにしよう、この書き方でいいか、どこに置こう……などのお悩みが増え、無駄な時間がかかってしまいます。

ターゲットを決めておけば、作業時間の短縮につながるわけです。

ターゲットはどう絞る？

では、ターゲットはどんな切り口で絞れば良いのでしょうか。

例えば「奈良県に住んでいる30〜60代の女性」。

こんなふうに、年齢、性別、職業などの属性によって絞るのはすぐに思いつくかもしれませんが、まだそれでも広いですね。

ターゲットはデザインや情報を選ぶ上での基準になりますから、
企画によって、なるべく詳しく設定します。

私が普段ターゲットを設定するとき、年齢などの属性に加えて、
こんなことを意識しています。

ターゲットの絞り方

属性
- 年齢　・性別
- 職業　・地域
- 学歴　・年収
　　　　　　など

?

関心
- 趣味嗜好
- 悩みや課題
- 時事テーマ
- スキルや認知度
　　　　　　など

生活スタイル
- ファミリー／独身
- 外食／自炊
- 電車／マイカー
　　　　　　など

性格・価値観
- プロ志向／趣味
- 論理的／直感的
- 金銭感覚
　　　　　　など

例えば生活スタイル。マイカーでの来場者が多そうだと見込まれる場合は、電車よりも車のアクセス情報を充実させる必要があります。

また、ターゲットがどんなことに関心を寄せているか、あるいはどんな悩みがあるかを想像すると、タイトルやキャッチコピーを考えるときに役立ちますし、どんなブランドや雑誌が好みかという趣味嗜好からは、デザインを考えるときのヒントがもらえます。

「奈良県在住の、30〜40代の専業主婦で、子育てをしながら、スキルを仕事につなげたいと考えている人。子どもがいるから夕方以降は動きにくい、ベビーカーで参加する人への情報もいるかな……」

こんな感じで、ターゲットになりきって嗜好や行動を想像することで、どんな情報やデザインが必要か見えてきます。

デザインする前に必ず決めること①

ターゲット

✗ 「どなたでも大歓迎」

ということで、デザインする前に決めることの1つ目、ターゲットのお話でした。

繰り返しになりますが、デザインよりも前、原稿を書くよりも前、企画の段階でしっかりターゲットを設定することが大切です。

その後の原稿作りも、チラシ作りも、そのままそのターゲットに向けて作ればいいので、どの段階でもシンプルに考えることができます。

ターゲットに寄り添った企画になれば、参加者数に違いが出るだけでなく、満足度や話題性も高まることが期待できます。

デザインする前に必ず決めること②

ゴール

そして、デザインする前に必ず決めることの2つ目は「ゴール」です。
こちらも、必ず決めてください。

チラシなど広告物のゴールとは何でしょうか。手に取って読んだら終わ
りではありません。「それを見た人がアクションを起こすこと」がゴールです。

イベント告知であれば、イベントに行くこと。
セミナー告知は、セミナーに申し込むところまで。

商品PRであれば、チラシからいきなり購入するケースは少ないので、
チラシに書き切れなかった詳細を見られるウェブサイトやSNSなどに
アクセスする、などが具体的なゴールになります。

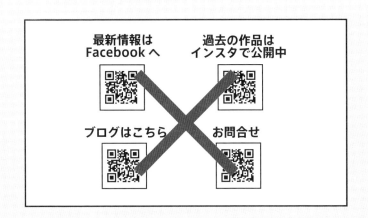

最新情報は
Facebook へ

過去の作品は
インスタで公開中

ブログはこちら

お問合せ

ゴールは1つ！

こちらは名刺やショップカードの裏面などで見かける、QRコードだらけのデザインです。このようにゴールがいくつもあると、見ている人は面倒くさく感じて、アクションを起こす気持ちになれません。

ゴールはシンプルに1つ。セミナー告知であれば、申し込みページへアクセスしてもらうことを一番のゴールとして設定しましょう。

この「ゴール」と、先ほどの「ターゲット」。
この2つが、デザインに迷ったときの道しるべになってくれます。

やみくもに情報を詰め込むのではなく、「ターゲット」が「ゴール」するために必要な情報は何か？を基準にして、チラシの構成を考えます。

先ほどのランニング教室の例で見てみましょう。

ターゲットは、「走るのが苦手な子どもと保護者」。

ゴールは、彼らに「体験レッスンに申し込もう」と思わせることです。

そのためにはどんな情報がいるだろう？と、逆算して考えます。

興味はあるけれど、行かせようかどうかまだ迷っている、
お母さん・お父さんを口説き落とす気持ちで原稿を書きます。

具体的に見ていきましょう。

大まかな流れとして、まず目に入りやすいチラシの上部で、ターゲットに呼びかけて興味を引きます。

その興味を保ったまま、最終的に「申し込み」というゴールに導いていくイメージです。

この形が理想なんですが、日時や募集要項、問い合わせ先など、事務的な内容だけ書いてあって、肝心要の「ターゲットの興味を引くコンテンツ」、つまり口説き文句が少ないチラシをよく見かけます。

日付とタイトルだけ書いて人が来れば、こんな楽なことはありません。思わず行ってみたくなる、申し込みたくなる、そんなふうにターゲットの心を動かすためには口説き文句をきちんと用意して、プレゼンする必要があります。

ではこのチラシの場合なら、どんな口説き文句が効果的でしょうか？

お母さんの立場で考える

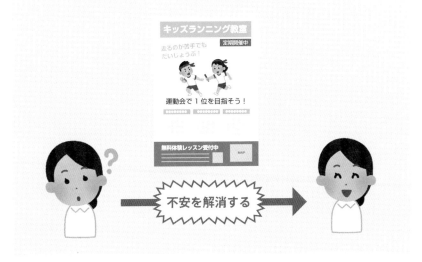

お母さんの立場で考えてみましょう。子どもの悩みを解決できそうで興味はあるけれど、見ず知らずの教室に飛び込むのは不安ですよね。では何が書いてあれば安心するだろう？　という視点で考えます。

費用や場所などはもちろんのこと、どんなコーチなのか、生徒たちの成長、保護者の評判、少人数なのか大人数なのか、清潔感のある場所か、車で送迎できるのか……。そういった小さな不安をひとつひとつ解消する情報を伝えれば、ターゲットの安心感が増していきます。

さらに、割り引きや限定クーポンなどの特典があれば、迷っているお母さんの背中をもうひと押しすることができそうですよね。

こんなふうに、ターゲットがこれを読むときの気持ちで考えることで、何を書けば良いのかが見えてきます。

デザインする前に必ず決めること

ターゲット
誰に

ゴール
何をして欲しいのか

ということで、デザインを始めるとき、まずはターゲットとゴール、この2つがしっかり決まっているかを確認してください。

これは自分でデザインせずに、広告会社などに制作を依頼するときも重要です。デザイナーは、クライアントの意図を汲み取って形にします。始めにきちんとターゲットとゴールを共有できれば、完成品がイメージしやすくなり、無駄なやり取りも減らせます。

チラシは、宣伝の手段に過ぎません。
それを誰に渡して、その人に何をしてほしいのか、
チラシを作る「目的」をまず見直してから、デザインを進めましょう。

1時間目のおさらいクイズ

Q.1 デザインする前に必ず決める2つのこととは？

┌─────────┐   ┌─────────┐
│   │ と │   │
└─────────┘   └─────────┘

Q.2 使うと無難になってしまうNGキャッチコピーは？

┌──────────────────────────────┐
│   │
│   │
└──────────────────────────────┘

→ ヒントはP.23

Q.3 チラシ（広告物）のゴールとは？

① チラシが目に留まること

② チラシを手に取ること

③ チラシを最後まで読むこと

④ チラシを見た人がアクションを起こすこと

→ ヒントはP.35

Q.4 ターゲットの心を動かすために必要なのは？

① 熱い長文メッセージ   ② 口説き文句

③ 事務的な情報   ④ 自分のポリシー

→ ヒントはP.38

答えは裏面に

デザインお直し
BEFORE & AFTER

....

イベントチラシ編

 この章の内容を踏まえて、
ノンデザイナーさんの
作品をリメイクしました！

BEFORE

ここが惜しい

絵本の読み聞かせイベントのチラシです。「いつどこで」といった基本的な情報を正確に伝えなくては！という思いからか、事務的でやや固いイメージになってしまっています。

2019年度

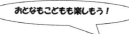
おとなもこどもも楽しもう！

えほんのひろば

小さなお子さまとその保護者を対象に図書館司書や翔泳おはなしの会の方によるわらべうた遊びや、えほんの読み聞かせを行っています。
ほんのひととき、子どもと一緒にえほんを楽しんでみませんか？
本のスペシャリストへの
相談タイムもあります。
どうぞお気軽におこしください。

☆開催日
　下記の日程で行います

☆時間
　午前10時〜午前10時45分

☆対象者
　おおむね0歳〜3歳の子どもと
　その保護者

☆参加費
　無料（申込みは不要です）

＜開催日＞

5月8日	6月5日	7月3日	9月4日	10月2日
11月6日	12月4日	1月8日	2月5日	3月4日

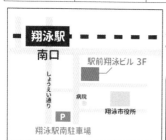
翔泳駅
南口
駅前翔泳ビル 3F
しょうえい通り
病院
翔泳市役所
P
翔泳駅南駐車場

○場　所
　子育て支援総合センター翔
　ふれあいルーム
　　（駅前翔泳ビル 3階）

○問い合わせ
　子育て支援総合センター翔
　電話：0123-456-7890

えほんのひろばご参加で翔泳駅南自動車駐車場をご利用の場合は、90分の無料券をお渡しますので申し出てください。駐車券は必ず提示してください。
子育てママパスをお持ちの方は併用できませんのでご了承ください。
※午前8時30分現在翔泳市に気象警報発令時は中止

AFTER

情報を整理し、レイアウトに余裕をもたせました。親子で気軽に参加できる楽しいイベントであることが、じっくり読まなくてもパッと伝わるようにリメイクしました。

2019年度

えほんのひろば

てあそび・読み聞かせ

対象
市内に住む
0〜3才

無料
申込不要

小さなお子さまとその保護者を対象に、図書館司書や翔泳おはなしの会の方によるわらべうた遊びや、えほんの読み聞かせを行っています。本のスペシャリストへの相談タイムも！どうぞお気軽におこしください。

開催日　🕙 10:00 〜 10:45

- 5/8（水）
- 6/5（水）
- 7/3（水）
- 9/4（水）
- 10/2（水）
- 11/6（水）
- 12/4（水）
- 1/8（水）
- 2/5（水）
- 3/4（水）

場所

子育て支援総合センター翔
ふれあいルーム（駅前翔泳ビル 3F）

＜電車でお越しの場合＞
翔泳駅南口から徒歩３分

＜お車でお越しの場合＞
翔泳駅南自動車駐車場の駐車券のご提示で、
９０分の無料券をお渡しします。

翔泳駅
南口
駅前翔泳ビル 3F
しょうえい通り
病院
翔泳市役所
翔泳駅南駐車場

※子育てママパスをお持ちの方は併用できませんのでご了承ください。
※午前８時３０分現在翔泳市に気象警報発令時は中止します。

お問合せ：子育て支援総合センター用
電話：0123-456-7890

パッ！と目に入らない

一番目に入るチラシの上半分に文字が詰め込まれていて、目立ちにくいレイアウトです。配色も白黒基調のため、楽しそうな雰囲気があまり伝わってきません。

２０１９年度

おとなもこどもも楽しもう！

えほんのひろば

小さなお子さまとその保護者を対象に図書館司書や翔泳おはなしの会の方によるわらべうた遊びや、えほんの読み聞かせを行っています。
ほんのひととき、子どもと一緒にえほんを楽しんでみませんか？
本のスペシャリストへの相談タイムもあります。
どうぞお気軽におこしください。

☆開催日
　下記の日程で行います

☆時間
　午前１０時〜午前１０時４５分

☆対象者
　おおむね０歳〜３歳の子どもと
　その保護者

☆参加費
　無料（申込みは不要です）

でも…
なんでパッと目に入らないとだめなの？

ズバリ！
チラシは、ライバルが多いからです。

例えば駅や公共施設のような人の集まる場所には、チラシやポスターなど、あちこちに広告がありますよね。道行く人たちの目に留まろうと、それぞれが必死にアピールしています。チラシやポスターはそれ単体で見られることよりも、ライバルたちと一緒に並ぶことの多い広告物です。そのため、まずはしっかりターゲットの目に留まるためにデザインの工夫が要ります。「主役を大きく作る」のは、その工夫のひとつ。詳しくは次章、２時間目でお話しします！

主役を大きく作って、目立たせよう

メインターゲットのママさんたちの目に留まるように、主役を大きく作りました。「ワクワク」「びっくり！」といったキーワードを背景に散りばめることで、楽しさをイメージさせます。

2019年度

えほんのひろば

てあそび・読み聞かせ

対象
市内に住む
0〜3才

無料
申込不要

主役を大きく作るための見本が欲しいときにオススメ

『レイアウト・デザインのアイデア1000』

翔泳社

主役を大きく作りたいけれど、実際どんなレイアウトにすれば良いかわからない…そんな悩みを解決してくれるのがこの1冊。チラシやポスター、広報紙や名刺などさまざまなデザインのレイアウトパターンが紹介されています。

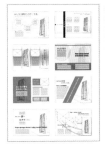

文字が多くて、事務的

リード文が長く、細かい文字を読まないと伝わらないデザインです。イベントの概要も全て文章内で説明されているので、事務的なイメージがしてしまいます。

簡潔に書いてわかりやすく伝えよう

リード文はなるべく簡潔に要点をまとめましょう。また、大事な情報は本文内だけで説明せず、キーワードを抜き出してアイコン化することで、パッ！と伝えられます。

えほんのひろば

アイコン化して、わかりやすく

無料
申込不要

対象
市内に住む
0〜3才

小さなお子さまとその保護者を対象に、図書館司書や翔泳おはなしの会の方によるわらべうた遊びや、えほんの読み聞かせを行っています。本のスペシャリストへの相談タイムも！どうぞお気軽におこしください。

開催日　⏱ 10:00 〜 10:45

● 5/8（水）　● 11/6（水）
● 6/5（水）　● 12/4（水）
● 7/3（水）　● 1/8（水）
● 9/4（水）　● 2/5（水）
● 10/2（水）　● 3/4（水）

長文にならないよう、なるべく簡潔に

場所

子育て支援
ふれあいルーム（駅前翔浜ビル3F）

南口

＜電車でお越しの場合＞
翔泳駅南口から徒歩3分

＜お車でお越しの場合＞
翔泳駅前自動車駐車場の駐車券のご提示で、
90分の無料券をお渡しします。

※子育てママパスをお持ちの方は併用できませんのでご了承ください。
※午前8時30分現在翔泳市に気象警報発令時は中止します。

お問合せ：子育て支援総合センター翔
電話：0123-456-7890

ここが惜しい

囲みすぎて、窮屈なレイアウト

ほとんどの要素が線で囲まれているうえ、線と線の間に
余白が少ないため、ギュウギュウ詰めのレイアウトになっ
ています。リラックスできる場のイメージには合いません。

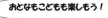
おとなもこどもも楽しもう！

2019年度

えほんのひろば

小さなお子さまとその保護者を対象に図書館司書
や翔泳おはなしの会の方によるわらべうた遊び
や、えほんの読み聞かせを行っています。
ほんのひととき、子どもと一緒にえほんを楽しん
でみませんか？
本のスペシャリストへの
相談タイムもあります。
どうぞお気軽におこしください。

☆開催日
　下記の日程で行います

☆時間
　午前10時〜午前10時45分

☆対象者
　おおむね0歳〜3歳の子どもと
　その保護者

☆参加費
　無料（申込みは不要です）

＜開催日＞

5月8日	6月5日	7月3日	9月4日	10月2日
11月6日	12月4日	1月8日	2月5日	3月4日

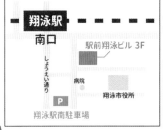

翔泳駅
南口

駅前翔泳ビル 3F

しょうえい通り

病院

P

翔泳市役所

翔泳駅南駐車場

○場　所
　子育て支援総合センター翔
　ふれあいルーム
　　（駅前翔泳ビル 3階）

○問い合わせ
　子育て支援総合センター翔
　電話：0123-456-7890

えほんのひろばご参加で翔泳駅南自動車駐車場をご利用の場合は、90分の無料券をお渡し
しますので申し出てください。駐車券は必ず提示してください。
子育てママパスをお持ちの方は併用できませんのでご了承ください。
※午前8時30分現在翔泳市に気象警報発令時は中止

これで OK！

線ではなく、余白で囲んでみよう

要素は線で囲むのではなく、余白で囲むイメージでレイアウトします。余白があることで視線が動かしやすくなり、パッと情報を見つけることができます。

えほんのひろば

てあそび・読み聞かせ

余白で囲んでクッションを作る

小さなお子さまとその保護者を対象に、図書館司書や翔泳おはなしの会の方によるわらべうた遊びや、えほんの読み聞かせを行っています。本のスペシャリストへの相談タイムも！どうぞお気軽におこしください。

開催日 🕙 10:00 〜 10:45

● 5/8（水） ● 11/6（水）
● 6/5（水） ● 12/4（水）
● 7/3（水） ● 1/8（水）
● 9/4（水） ● 2/5（水）
● 10/2（水） ● 3/4（水）

場所

子育て支援総合センター翔
ふれあいルーム（駅前翔泳ビル 3F）

＜電車でお越しの場合＞
翔泳駅南口から徒歩3分

＜お車でお越しの場合＞
翔泳駅南自動車軽車場の駐車券のご提示で、
９０分の無料券をお渡しします。

- **翔泳駅** - - - - -
南口
駅前翔泳ビル 3F
しょうえい通り
病院
Ｐ 翔泳市役所
翔泳駅南駐車場

※子育てママパスをお持ちの方は併用できませんのでご了承ください。
※午前８時３０分現在翔泳市に気象警報発令時は中止します。

お問合せ：子育て支援総合センター翔
電話：0123-456-7890

昔ながらのフォントを使っている

全体的に、昔から使われているようなフォントが使用されています。あまり古いフォントを使うと、デザインも垢抜けないイメージになり、若い層からは敬遠されてしまいます。

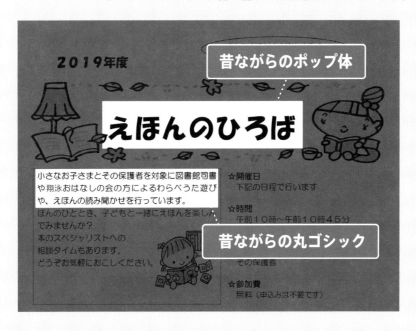

パソコンのOSやソフトには、いまだに1990年代にデザインされたフォントがインストールされていることがあります。

一方、私たちが普段目にしている広告やパッケージ、雑誌、ウェブサイトなど、プロが手掛けるグラフィックデザインでは、それらのフォントが使われることはごく稀です。フォントはデザインの印象に強く影響します。デザインのトレンドが時々刻々と変化している中で昔のフォントを使うと、相対的に古く垢抜けないイメージを与えてしまう、というわけです。

新しいフォントで今っぽさを出そう

システムにインストールされたフォントだけでなく、インターネット上で配布されている無料フォントも取り入れて、デザインをバージョンアップしましょう。

えほんのひろば

てあそび・読み聞かせ

無料フォント "こども丸ゴシック"

対象
市内に住む
0～3才

無料フォント "源柔ゴシック"

日本語のフリーフォントを好きな言葉で試せるウェブサイト

『ためしがき』

https://tameshigaki.jp/

好きな言葉を入力すると、日本語フリーフォントを使ったデザインをその場でシミュレーションしてくれるウェブサイトです。タイトルなど、短い言葉に個性的なフォントを使いたいとき、ウェブ上でデザインを比較できるので便利です。イメージに合うフォントが見つかったら、フォント配布元の利用規約や注意事項をよく読んで使いましょう。

まとめ

ターゲットの
立場で見直そう

....

デザインの端々からは、いろいろなイメージが伝わ
ります。文字を詰め込みすぎたレイアウトは余裕の
ないイメージを与えますし、事務的な言葉や言い回
しは、固い印象を与えてしまいます。常にターゲッ
トが見たらどう感じるかを想像しながら見直してみ
ましょう。想像が難しい場合は、ターゲットに近い
人にデザインを見てもらい、率直な感想を聞いてみ
るのもおすすめです。

2時間目

パッと目に留まるための
レイアウトの鉄則

 これは、街かどの掲示板です。ポスターやチラシなど、さまざまな告知が並んでいます。
日常でよく見かける光景ですよね。

こういった掲示板だけでなく、チラシのラックや、回覧板などなど。

チラシはそれ単体で見られるよりも、ほかのチラシと一緒に見られるケースが多いのではないでしょうか。

そのライバルたちに埋もれないように、より目立つチラシやポスターにするための、レイアウトの鉄則をお持ち帰りいただきたいと思います。

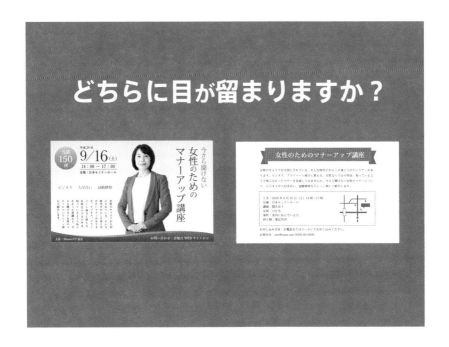

ここに、2つの講座のチラシがあります。

どちらも同じ内容で「女性のためのマナーアップ講座」の広告です。

遠くから見たときパッと目に留まるのは、どちらのチラシでしょうか？

……左側ですよね。

女性の写真とタイトルの部分に、まず目が留まったのではないでしょうか。

これが、このチラシの「主役」です。

パッと目に留まるデザインの鉄則、

それは「主役を大きく作る」ことです。

主役を大きく作った例

主役は、いわばチラシの入り口です。

こちらの例では、品のある女性の写真が目を引き、
その近くにタイトルを大きく入れるレイアウトにしたことで、
ひと目で何の講座かを把握しやすいデザインになっています。

チラシが人の目に触れる時間はほんのわずかです。
その限られた時間で、主旨をしっかり伝える必要があります。

主役が大きくあることで、掲示板や、チラシラックなど
少し離れたところからもバチッと目が合うチラシになり、
これが何のチラシか、まず主旨を伝えることができます。

主役がない例

女性のためのマナーアップ講座

女性のキャリアが大切にされている、そんな時代だからこそ身につけたいマナーがあ
ります。ビジネス、プライベート両方に使える、女性ならではの作法、知っているよ
うで知らなかったマナーを見直してみませんか。今さら聞けない女性のマナーについ
て、ビジネスや人付き合い、冠婚葬祭などシーン別にご紹介します。

とき：2020 年 9 月 16 日（土）14 時〜17 時
会場：日本セミナーホール
講師：間名良子
定員：150 名
条件：市内に住んでいる方
持ち物：筆記用具

お申し込み方法：お電話またはメールにてお申し込みください。
お問合せ：xxx@xxxx.xxx 0000-00-0000

こちらは主役がなく、タイトルだけが大きく書かれた NG 例です。

本文を読んで理解するまで内容が伝わりにくいですし、
インパクトがないので、目に留まりにくいデザインです。
そもそも文字ばかりのチラシって、読む気にならないですよね。

残念ながら、チラシはじっくり読んでもらえるものではありません。
パッと見たときに、興味のあることが目に入るかどうか。
それが、そのチラシを手に取るかどうかの分かれ道になります。

主役を大きく作ることでイメージや主旨を瞬時に伝えて、
視線をしっかり捉える「主張する」チラシになります。

同じ大きさが並んでいると

視線が安定しない

ではなぜ、主役を「大きく」作る必要があるのでしょうか。
これを理解するために、視線の動きを実際に体験していただ
きます。

ここに同じ大きさの四角が6つ並んでいます。

左端にある四角から見始めたとして、次に右に行くか下に行くか
何となく視線が泳いでしまいませんか？

では次に、この四角の大きさにメリハリをつけた、
こちらのレイアウトではいかがでしょうか。

大きさにメリハリがあると

A

B

C

まず大きいエリアに目が行く

一番大きいAのエリアにまず目が留まりますね。
そこから、B、Cと、無理なく視線が運ばれていくのが
わかりますでしょうか。

主役がチラシの中で一番大きくあるべき理由は、このためです。
Aのエリアが、主役、チラシの入り口です。

人の視線は、大きいものから小さいものへ流れていく習性があります。

この習性を利用してレイアウトに思い切りメリハリをつけると、目立つ
チラシになるだけでなく、主役と目が合った後、次に見てほしいところ
へ視線を誘導することもできます。

ホホー！

視線は大→小へ流れる

先ほどの講座のチラシに当てはめてみると、こんな感じですね。

一番大きな主役が入り口となり、そこで興味がわけば、その次に
大きく書いてある日付や定員のエリアへ視線が流れます。

そうしてだんだんと小さいエリアへ視線が運ばれ、
最終的に一番小さい本文まで読み進むようになります。

もうひとつ、以前私がデザインさせていただいた
生駒市の職員採用ポスターの作例をご紹介します。

主役がどこにあるか、どのように視線が流れるかに注目してください。

この職員採用ポスターの主役は、イラストの部分です。紙面の半分以上をユニークな3コママンガにして、就活生の目を引くのが狙いです。

このポスター、最終的にお知らせしたいのは一番下に小さくある、職員採用試験や説明会の日程です。

主役であるマンガから入って、だんだん小さいエリアに視線が運ばれ、最終的に動画や説明会など、見た人が次に起こせるアクションへと誘導しています。

チラシや広報紙など、たくさんの情報をひとつの紙面で伝えたいデザインでは、読みやすくするために、こういったレイアウトのメリハリがとても大切です。

主役は紙面の上部 $\frac{1}{2}$ ～ $\frac{1}{3}$

ではこの主役、どのくらいの大きさが理想的かというと、
紙面の上半分、少なくとも3分の1は割きます。

特にこの青い部分は、ラックに入ったときに見えるエリアです。
このエリアでどれだけ目立って興味を引けるかが勝負です。

ということで、主役を大きく、ドーンと置くと、インパクトが出て
目に留まりやすくなるということ、ご理解いただけたかと思います。

では、ドーンと大きく割いたこの主役エリアに、
具体的に何をレイアウトすればいいでしょうか。

主役の三大材料

タイトル

キャッチコピー

イメージ画像

主役の中に最低限あってほしい基本的な材料はこの3つ。
タイトル、キャッチコピー、そしてイメージ画像です。

タイトルだけ大きく書くのはインパクトが出ないのでNGです。

例えば「のど自慢」くらい有名なイベントであれば、タイトルだけでも
興味がわきます。しかし、よく知らないイベント名が大きく書いてあっ
ても、残念ながらスルーされてしまいます。

タイトルだけでなく、キャッチコピーとイメージ画像を
組み合わせて主役を作ることで、見る人に内容を瞬間的に伝え、
興味を引くことができます。

主役の三大材料

簡潔な**タイトル**

強い**キャッチコピー**

質の高い**イメージ画像**

ただタイトルやコピーを書けばいいのか、画像を貼ればいいのかというとそうではなく、それぞれにコツがあります。

だらだらと長いタイトルではなく、簡潔なタイトル。

予定調和なキャッチコピーではなく、強いキャッチコピー。

偶然よく撮れたスナップ写真ではなく、質の高いイメージ画像。

この3つが揃うことで、何のチラシかをパッと伝えることができます。

ひとつずつ見ていきましょう。

長いタイトルは

情報漏えい意識改革とセキュリティシステムの普及・活用セミナー

大きく書けないので ✕

まず、簡潔なタイトルがなぜ大切かというお話です。
上記のタイトル例をご覧ください。

「情報漏えい意識改革とセキュリティシステムの普及・活用セミナー」。

これは、やることをとりあえず全部タイトルに詰め込んでしまっている、
NG例です。

実際この内容だからこうなったのかもしれません。事情はさまざまある
かとは思いますが、長いタイトルはデザイン上では不利になります。

理由は単純。多くの場合、スペースの問題で大きく書けないからです。
このタイトルは30文字。一行に入れようとすると、どうしてもフォン
トサイズが小さくなってしまいます。ではこれを簡潔に書き直します。

簡潔なタイトルは

IT危機管理セミナー

覚えやすく、伝わりやすいので◎

内容から察するに、「**IT危機管理セミナー**」に言い換えられそうです。
10文字で済みます。3倍大きく書けますね。

正確なタイトルはどこかで補足するなどして、
タイトル上では、わかりやすさを優先させるほうが効果的です。

簡潔なタイトルは、大きく書けるほかにも、覚えやすい、人に伝えやすいという利点もあります。長いとだいたい、「えーと…なんだっけな、情報なんちゃらセミナー」とか言われてしまいます。

ということで、タイトルはなるべく短くてわかりやすいものが理想的です。これもターゲット同様、企画の段階から、ぜひ検討していただきたいと思います。

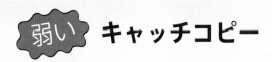 **キャッチコピー**

来たれ若者！国際ボランティア大募集

オーソドックスすぎて△

主役の材料2つ目は「強い」キャッチコピーです。

コピーにもいろいろありますが、より、人を引きつける魅力的なコピーのことを「強いキャッチコピー」と私は呼んでいます。

ではまず、弱いコピーの例を見てください。

「来たれ若者！国際ボランティア大募集」

予定調和な感じのコピーです。忙しい若者に、これで振り向いてもらうのはなかなか難しいでしょう。

こちらを、ボランティアに興味のなかった人にも振り向いてもらえるような、強いコピーにするとどうなるでしょうか。

強い キャッチコピー

来たれ若者！国際ボランティア大募集！

↓

英会話の腕をみがくチャンス！

「英会話の腕をみがくチャンス！」

こう書いてあればどうでしょう。

国際ボランティアに参加すれば、いろいろな国の人と交流できる、
すなわち英会話が上達するかもね！と言っています。

ボランティアには興味がなかったけど、タダで英会話を実践できて、困っ
た人の役にも立てれば、国際ボランティアも悪くないかも……と
思ってもらえそうです。

こんなふうにターゲットのメリットをコピーの中に入れることで、
潜在層の興味を引く、強いキャッチコピーになります。

ホホー！

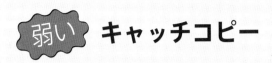

弱い キャッチコピー

> チラシづくり講座を開催します

直球すぎて△

もうひとつ、今日のようなチラシづくり講座のコピーの例です。

「チラシづくり講座を開催します」

この「開催します」パターンもよく見かけるんですが、
直球すぎて、これまた弱いキャッチコピーです。

何を開催するかにもよりますが、よほど強烈で斬新でスゴイことを開催
しない限り、「開催します」だけではインパクトのあるコピーにはなり
ません。

これを強いキャッチコピーに書き換えてみると、こうなります。

強い キャッチコピー

> チラシづくり講座を開催します

> チラシを作ったけど反響がない…

「**チラシを作ったけど反響がない…**」

チラシづくり講座を受けていただきたい皆さんの、
心の声をそのままコピーにした例です。

日々こう思ってモヤモヤしている人がこのコピーを見ると、
「そうそう、そうなのよ！」と共感が生まれます。

共感することで、このチラシが自分に関係あるんだという意識が
芽生えるわけです。

ご紹介した2つの例を改めて比べてみましょう。

△ 来たれ若者！国際ボランティア大募集 （私が）

◎ **英会話の腕をみがくチャンス！** （あなたが）

△ チラシづくり講座を開催します （私が）

◎ **チラシを作ったけど反響がない…**
（あなたが）

主語は「私」ではなく「あなた」

弱いコピーと強いコピーで決定的に違う点、それは「主語」です。

弱いコピーの主語は、「私」です。
私が募集している。私が開催します。

強いコピーの主語は、「あなた」です。
あなたの英会話が上達する。あなたがチラシづくりで悩んでいる。

読み手、つまりターゲットを主語にして考えることで、
そのチラシが「あなたに関係あるんですよ」ということを
しっかりアピールできる、強いキャッチコピーになります。

ナルホド！

どちらがおいしそうに見えますか？

 そして、主役の基本材料3つ目は、質の高いイメージ画像です。
こちらのコーヒーの写真、どちらがおいしそうに見えますか？

右側のほうがおいしそうで、香りまで伝わって来そうですよね。
左側は、日常生活の記録として気軽に撮ったような印象がします。

先ほど、主役のエリアは大きく作りましょうとお伝えしました。

そこに使う画像ですから、当然画像も大きく扱うことになります。
基本材料の3つの中で、一番に目が留まりやすいのが画像です。

なるべくサイズの大きな、高解像度で印象の良い画像を使うと、
デザイン全体の好印象につながります。

どちらが目に留まりますか？

また、クオリティと合わせてどんな画像を選ぶのかもコツがあります。例えば「スタッフ募集の広告」で、やる気を感じさせる人物写真と、オフィスビルの写真と、どちらが目を引くでしょうか。

無意識に、人物写真のほうに視線が引っ張られませんでしたか？

人の顔は視線を引きつける効果があるので、パッと目立たせたいポスターなどでは、イメージ素材として大変よく使われています。今度電車に乗ったら、中吊り広告でどのくらい人物写真が使われているか、意識して探してみてください。

人物写真をイメージに使う際は、できるだけ狙ったターゲット像に近い人物を選ぶと、共感を呼び、ターゲットに気づいてもらいやすくなります。

BEFORE

 こちらは、お寺で開催される定例法話のイベントチラシです。
以前私のセミナーにご参加いただいた方が作成されたものです。

全体的に文字が多く、主役もないので、文章を読まないと何のイベント
なのかが伝わりにくくなってしまっているデザインです。

そして画像に注目してみますと……
梅の写真が使われていますが、あまり大きくは使われていません。

そのせいもあり、パッと見たときに、梅の写真よりも下のほうにある
白いマップ画像が目立っていて、そちらに視線が引っ張られる感じが
してしまいます。

これを、質の高い無料写真素材を使って、リメイクした例がこちらです。

主役のエリアを大きく作りました。その中で組み合わせた写真には
法話のテーマに合わせ、生命力を感じる百合の花をあしらいました。

質の高いイメージ画像を大きく使うことによって、パッと視線を集める
ようになるだけでなく、イベントそのものの印象が変わるのがおわかり
いただけるかと思います。

できれば、スマホよりも一眼レフカメラでしっかり撮影した写真が理想
的です。周りでカメラが得意な方にお願いしてみるのもいいと思います。

無料　画像素材 🔍

pixabay

写真 AC

EVENTsDesign

など

自分で素材を用意できない場合でも、無料で使えるイラストや写真素材などを有効利用して、できるだけクオリティの高い画像を選ぶように心がけましょう。

インターネットで「無料　画像素材」などで検索してみると、たくさんのウェブサイトがヒットします。素材を使うときの注意点や、最新のおすすめ素材サイトを厳選して紹介しているまとめページも見つかります。

ちなみに私のおすすめサイトは、著書『やってはいけないデザイン』でご紹介していますので、そちらも参考にしてみてください。

実際に、素材サイトで画像を検索すると、次ページのようにたくさんの似たような写真が出てきます。

まずは自分の感覚で選んでみよう

この中からどれを選ぶかは、美的センスが必要なんじゃないか？
と思われるかもしれません。

でも、先ほどのコーヒーの写真を思い出してください。理由はわからな
くても、何となく右側のほうがおいしそうに見えませんでしたか？

普段、テレビや雑誌、ネットの画像を何気なく見ているとき、
これ素敵だなーとか、これカッコいいなーと感じませんか？

SNSでも、おしゃれな画像や質の高いキレイな写真が、たくさん「いいね」
を集めていますよね。日々の生活の中で無意識に、皆さんのクオリティ
を見分ける感覚は養われています。

ですので、まずはご自分の感覚を信じて選んでみましょう。

パッと目に留まるチラシにするには

> # 主役を大きく作る

ということで、パッと目に留まるチラシにするためには、
簡潔なタイトル、強いキャッチコピー、質の高いイメージ画像を組み合
わせて「主役を大きく作る！」これを意識してレイアウトしましょう。

受講者の皆さんにデザインのお悩みを聞いてみますと、
「インパクトが出ない」というお悩みがダントツで1位です。

チラシやポスターにインパクトを出したいとき、
ぜひこのレイアウトの鉄則を思い出してみてください。

2時間目のおさらいクイズ

Q.1　パッと目に留まるチラシにするための鉄則は?

［　　　　　］　を大きく作る

Q.2　主役の大きさはどのくらいが理想的?

① 紙面の5分の1　　② 紙面の3分の2

③ 紙面の半分〜3分の1　　④ 紙面の6分の1

→ ヒントはP.64

Q.3　どんなタイトルが理想的?

① 長いタイトル　　② 簡潔なタイトル

③ 正確なタイトル　　④ 詳しいタイトル

→ ヒントはP.67

Q.4　誰を主語にすると強いキャッチコピーになる?

① 自分　　② クライアント

③ 会社　　④ ターゲット

→ ヒントはP.73

答えは裏面に

デザインお直し
BEFORE & AFTER

....

イベントポスター編

この章の内容を踏まえて、
ノンデザイナーさんの
作品をリメイクしました！

ここが惜しい

パッと目に留まる主役がなく、内容よりも地図のほうが目立ってしまっています。どの文字も同じくらいの大きさのためメリハリがなく、情報がつかみにくいデザインです。

真宗大谷派　**天満別院**　東本願寺

4月度 定例法話

法話 多田 孝圓 師

大阪教区第7組圓乗寺住職

講題「いのちの願いに生きる」

浄土真宗の法話を聞いてみませんか!

2019 4/24(水) 午後 1:30 から

(3:30 頃まで)

・午後1時半より勤行があります、その後から法話です

・どなたでもご自由にお参りください

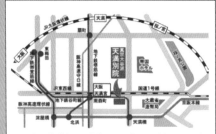

真宗大谷派 (東本願寺)　**天満別院**

〒530-0044
大阪市北区東天満 1-8-26
☎06-6351-3535

JR 東西線「大阪天満宮駅」下車、2番出口より徒歩約3分。または、地下鉄谷町線・堺筋線「南森町」下車、JRの2番出口より徒歩約3分。または、地下鉄谷町線・京阪線「天満橋」下車2番出口より徒歩約10分。

天満別院ホームページ　http://www.tenma-betsuin.jp/

AFTER

主役を大きく作り、文字サイズも大胆にメリハリをつけました。少し離れたところから見ても何のポスターか伝わりやすくなりました。

真宗大谷派
東本願寺

天満別院

定例法話

真宗大谷派（東本願寺）
天満別院

〒530-0044
大阪市北区東天満 1-8-26
☎ 06-6351-3535

4/24 水

13:30 から
（15:30 頃まで）

4月の法話 │ 大阪教区第7組 圓乗寺 住職
多田 孝圓 師

「いのちの願いに生きる」

アクセス

JR 東西線「大阪天満宮駅」
2 番出口より徒歩約 3 分

地下鉄谷町線・堺筋線「南森町」
JR 2 番出口より徒歩約 3 分

地下鉄谷町線・京阪線「天満橋」
2 番出口より徒歩約 10 分

主役がなくパッと目に留まらない

チラシの入り口である主役がないため、パッと目に留まりにくいデザインです。一番大きくレイアウトされている地図に目が行ってしまいます。

ここが惜しい

真宗大谷派　　天満別院　東本願寺

4月度　定例法話

法話　多田　孝圓　師

大阪教区第7組圓乗寺住職

講題「いのちの願いに生きる」

浄土真宗の法話を聞いてみませんか！

2019　4/24(水)　午後 1:30 から

(3:30 頃まで)

・午後1時半より勤行があります、その後から法話です
・どなたでもご自由にお参りください

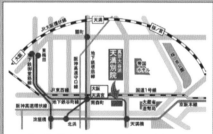

真宗大谷派 (東本願寺)
　　　　　　　　天満別院
〒530-0044
大阪市北区東天満1-8-26
☎06-6351-3535

JR東西線「大阪天満宮駅」下車、2番出口より徒歩約3分。または、地下鉄谷町線・堺筋線「南森町」下車、JRの2番出口より徒歩約3分。または、地下鉄谷町線・京阪線「天満橋」下車2番出口より徒歩約10分。

天満別院ホームページ http://www.tenma-betsuin.jp/

紙面の半分以上を使って主役を作ろう

紙面の半分以上を使い、写真、タイトル、日付、テーマを大きくレイアウトしました。目に留まる部分を大きく作ることで、何のイベントであるのかを瞬時に伝えられます。

真宗大谷派
東本願寺

天満別院

定例法話

4月の法話｜大阪教区第7組 圓乗寺 住職
多田 孝圓 師

「いのちの願いに生きる」

4／24（水）

13:30から
（15:30頃まで）

アクセス

真宗大谷派（東本願寺）
天満別院
〒530-0044
大阪市北区東天満 1-8-26
☎ 06-6351-3535

JR東西線「大阪天満宮駅」
2番出口より徒歩約3分

地下鉄谷町線・堺筋線「南森町」
JR2番出口より徒歩約3分

地下鉄谷町線・京阪線「天満橋」
2番出口より徒歩約10分

これでOK!

文字サイズにメリハリがない

どの文字もだいたい同じくらいのサイズで書かれているため、文字をしっかり読まなければ情報が頭に入ってきにくいデザインです。

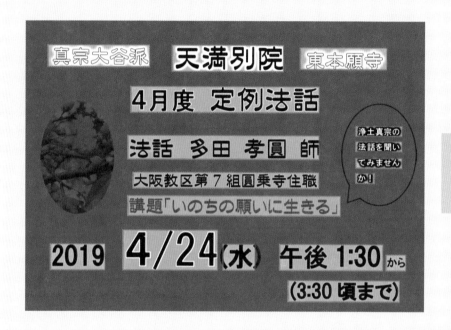

チラシやポスターは、タイトル、見出し、本文、注釈など、いろいろな文章や言葉で構成されますね。これらを全て同じサイズで書いてしまうと、情報が埋もれてしまい、パッと情報がつかみにくいデザインになってしまいます。この問題は、タイトルは大きく、見出しは少し大きく、本文は小さく、といったように文字サイズに強弱をつけることで解消できます。この強弱の差のことを「ジャンプ率」といいます。詳しくは、4時間目「これだけで見違える！　3つのデザインルール」でお話しします。

文字のジャンプ率を大きくしよう

タイトルと日付は遠くから見てもわかるように大きく、そのほかの文字は情報の優先順位に応じてサイズを調整しました。「何を」「いつ」「どこで」といった基本的な情報は大きく伝えましょう。

真宗大谷派
東本願寺

天満別院

定例法話

4月の法話

大阪教区第7組 圓乗寺 住職
多田 孝圓 師

「いのちの願いに生きる」

4/24 (水)

13:30 から
（15:30 頃まで）

アクセス

真宗大谷派（東本願寺）
天満別院
〒530-0044
大阪市北区東天満1-8-26
☎ 06-6351-3535

JR東西線『大阪天満宮駅』
2番出口より徒歩約3分

地下鉄谷町線・堺筋線『南森町』
R2番出口より徒歩約3分

地下鉄谷町線・京阪線『天満橋』
2番出口より徒歩約10分

印象がカジュアル過ぎる

敷居を下げたいという気持ちから、色やフォントなどカジュアルな印象を狙っていますが、逆に企画のイメージからかけ離れてしまい、違和感があります。

真宗大谷派　　天満別院　　東本願寺

4月度　定例法話

法話　多田　孝圓　師

大阪教区第7組圓乗寺住職

講題「いのちの願いに生きる」

浄土真宗の法話を聞いてみませんか！

2019　4/24(水)　午後 1:30 から

(3:30 頃まで)

なぜカジュアル過ぎると NG なの？

ズバリ！
イメージにマッチしないと逆効果なことも。

デザインをカジュアルにさえすれば、敷居の低いイベントになるかというと必ずしもそうではありません。もとのイメージからかけ離れ過ぎると違和感が生まれることもあります。
この作例のイベント会場は、1600年代に開かれた歴史あるお寺。会場側は「気軽に参加してほしい」と願うかもしれませんが、参加側から見れば、歴史あるお寺で法話を聞けることは尊くありがたいこと。そんな参加者の気持ちを汲んで、イメージを壊さないように発信した方が効果的なこともあります。

内容に合う印象の色とフォントにしよう

テーマカラーである山吹色はワンポイントで使い、フォントは明朝体に。質の高い花の写真をメインに、お堂に足を踏み入れたときの、凛とした空気を思わせるような印象を目指しました。

真宗大谷派
東本願寺

天満別院

定例法話

4／24 （水）

13:30から
（15:30頃まで）

4月の法話　大阪教区第7組 圓乗寺 住職
多田 孝圓 師

「いのちの願いに生きる」

アクセス

真宗大谷派（東本願寺）
天満別院

〒530-0044
大阪市北区東天満 1-8-26
☎ 06-6351-3535

JR 東西線「大阪天満宮駅」
2番出口より徒歩約3分

地下鉄谷町線・堺筋線「南森町」
JR 2番出口より徒歩約3分

地下鉄谷町線・京阪線「天満橋」
2番出口より徒歩約10分

ここが惜しい

番外編

ターゲットが定まっていない

お寺は老若男女に開かれた場所であるという性質上、イベントは「どなたでも大歓迎」になってしまいがちですが、ターゲットが曖昧だとデザインにも迷いが出てしまいます。

真宗大谷派　**天満別院**　東本願寺

4月度　定例法話

法話　多田　孝圓　師

大阪教区第7組圓乗寺住職

講題「いのちの願いに生きる」

浄土真宗の法話を聞いてみませんか！

2019　4/24(水)　午後 1:30 から

(3:30 頃まで)

・午後1時半より勤行があります、その後から法話です
・どなたでもご自由にお参りください

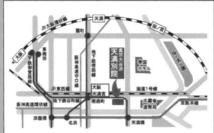

真宗大谷派 (東本願寺)
　　　　　　天満別院
〒530-0044
大阪市北区東天満 1-8-26
☎06-6351-3535

JR東西線「大阪天満宮駅」下車、2番出口より徒歩約3分。または、地下鉄谷町線・堺筋線「南森町」下車、JRの2番出口より徒歩約3分。または、地下鉄谷町線・京阪線「天満橋」下車2番出口より徒歩約10分。

天満別院ホームページ　http://www.tenma-betsuin.jp/

ターゲットを絞ってデザインしてみよう

例えば育児中のお母さんに絞った企画であれば、デザインもこのように最適化することができます。新しい層や、狙った層の目に留まるためには、ターゲット設定は特に大切です。

真宗大谷派
東本願寺

天満別院

やさしい法話

4／24 （水）

13:30 から
（15:30 頃まで）

4 月の法話　｜　大阪教区第 7 組　圓乗寺　住職
多田 孝圓 師

「いのちの願いに生きる」

真宗大谷派（東本願寺）
天満別院
〒530-0044
大阪市北区東天満 1-8-26
☎ 06-6351-3535

アクセス

JR 東西線「大阪天満宮駅」
2 番出口より徒歩約 3 分

地下鉄谷町線・堺筋線「南森町」
JR 2 番出口より徒歩約 3 分

地下鉄谷町線・京阪線「天満橋」
2 番出口より徒歩約 10 分

まとめ

ポスターには
瞬発力を。

·····················

ポスターが大きく印刷されるのは、道行く人々の目
に留めてもらうためです。作りながら「どうもイン
パクトが出ない」と思ったら、ポスターを作ってい
るパソコンの画面上で、デザインを縮小表示してみ
ましょう。小さい画像でも、チラッと見るだけで、
何のポスターかわかりやすいでしょうか？主役を大
きく作り、文字の大きさにもメリハリをつけ、何回
もチェックしてみましょう。

3時間目
心をグッとつかむ
キャッチコピーの書き方

あまり認知度がない…

だから

積極的な
アピールが必要

チラシやポスターは、相手が自分のことをどのくらい
知っているかによって、作り方が変わってきます。

著名人や有名なブランド、人気のお店など、もう一定のファンがいて、
名前を書くだけでそのチラシに気づいてもらえるようであれば、そんな
に一生懸命アピールする必要はありません。その場合は、わかりやすさ
よりも、ブランドイメージを高める作り方が適しています。

でも自分のことがまだあまり知られていない段階では、このチラシがター
ゲットにとってどれだけ有用なものかということを、わかりやすく積極
的にアピールしないと、なかなか気づいてもらえません。

アピールするための一文

それが

キャッチコピー

"このチラシが、あなたに関係あるんですよ！"ということを
知らせるためのフレーズ、それがキャッチコピーです。

2時間目で、主役の中には「強い」キャッチコピーを入れましょう、
とお伝えしました。

強いコピーと弱いコピーの大きな違い、覚えていますか？
「主語」ですね。

「こんなイベントやります！」は、書き手が主語。
「親子で楽しめるイベントです！」は、読み手が主語です。

主語を読み手にすることで、強いキャッチコピーが作れます。

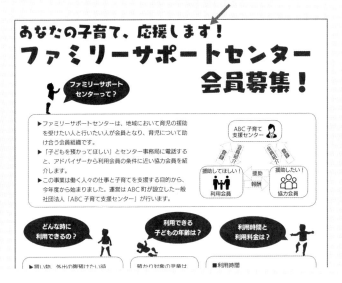

△ 主語が書き手

こちらは、あるファミリーサポートセンターの利用を促すためのチラシの一部です。お子さんの一時預かりサービスですので、ターゲットは育児中のお母さん・お父さんになります。

しかし、このキャッチコピーを見ますと、
「あなたの子育て、応援します！」

主語が書き手になっていますね。「私」が応援しています。
これでもいいんですが、控えめでもったいない書き方です。

せっかくチラシを作るんですから、
より多くのターゲットにしっかり振り向いてもらいたいですよね。

◎ **主語が読み手**

園のおむかえが
間に合わない…
1人でゆっくり
買い物したい…
日曜に急な
仕事が入った…
お子さんをちょっと預けたい時は…
ファミリーサポートセンター
をご利用ください
ファミリーサポートセンターは、ABC 子育て支援
センターが運営する、育児の援助を受け
たい人と行いたい人をつなげる
マッチングサービスです。
働く人の子育てを地域で応援！
ファミリーサポートセンターは、働く人の仕事
預かり対象
小学6年生までの乳幼児や児童

タイトル周りをリメイクしたものがこちらです。
デザインも変わっていますが、今回はコピーにご注目ください。

「園のおむかえが間に合わない…」
「1人でゆっくり買い物したい…」
「日曜に急な仕事が入った…」

この吹き出しに入ったコピーは、ターゲットであるお母さん・お父さんのお悩みや「あるある」を代弁しています。主語を読み手にして共感を呼び、自分に関係のあることだと気づいてもらいやすくなります。

次に、強いキャッチコピーを書くための具体的なテクニックをご紹介していきます。

フムフム…

強い キャッチコピーの書き方①

ターゲットを絞る

まずは「ターゲットを絞る」キャッチコピーです。

チラシを作る前には必ずターゲットを決めましょうとお伝えしました（P.23）。この手法は、キャッチコピーの中にターゲットを登場させることで、「こういう人に呼びかけています」ということをわかりやすく伝える書き方です。

これはどんな種類のチラシにも応用が効く書き方ですが、
ターゲットはできるだけ狭く、具体的に設定するのがポイントです。

例を見ていきましょう。

どなたでも大歓迎の料理教室です

とある料理教室のキャッチコピー例です。

出ました「**どなたでも大歓迎**」。

とにかく誰にでも来てほしくて思わず書いてしまいがちですが、
これだと届きにくいというお話は、1時間目にお伝えした通りです。
ターゲットが絞られていない状態ですね。

これをターゲットを絞った書き方にしてみると
次のようになります。

どなたでも大歓迎の料理教室です

ターゲットを絞ると…

 お父さんのための料理教室です

グッとターゲットを絞った書き方です。「お父さん」は一例で、
これが「親子」でも、「お料理ビギナー」でもいいと思います。
とにかくターゲットを絞って呼びかけます。

「どなたでも大歓迎」とだけ書いてあった場合には、どんな人がこの
教室に集まるのかがわかりませんでした。「どなたでも」と書かれて
いるだけだと、おおよそ女性が多いんだろうな、と想像できます。

そしてお父さんは思うでしょう。「俺が行ったら確実に浮く」と。

でもこんなふうにターゲットを絞った書き方にすると、自分と似た人が
集まることを簡単に想像できるため、「この教室に自分が行っても大丈
夫そう」ということが直感的にわかります。

髪のお悩み何でもご相談ください

もう一点、美容院の弱いキャッチコピーです。

美容院やエステサロンのように、サービスメニューがたくさんあるような場合、チラシにあれもこれも詰め込んでしまって、キャッチコピーも大味になってしまう傾向があります。

「何でも出来ます」「何でもあります」とアピールすると、何が強みなのかが把握しにくく、競合に比べてどんな特長のあるお店なのか伝わりにくくなってしまいます。

つまり、「何でもあります」は「どなたでも大歓迎」と同じで、どんなお悩みを持った人に来てほしいのか、ターゲットが絞りきれていない状態と言えます。

髪のお悩み何でもご相談ください

お悩みでターゲットを絞ると…

 ダメージヘアにお困りなら

そこで、お悩みをどれか1つに絞ってみます。

ダメージヘアのお悩みに特化した書き方で、ターゲットが具体的になると同時に、サロンの強みがパッと伝わるコピーになりました。

キャッチコピーはチラシを見るきっかけを作る部分ですから、ここで「ダメージヘア」とか「くせ毛」とか、フックになりそうなキーワードを選ぶことが大切です。

このようにターゲットは、性別や年齢などの情報だけでなく、お悩み（フックになりそうなキーワード）別で絞ると、キャッチコピーでの呼びかけ方や、チラシに書く内容も考えやすくなります。

強い キャッチコピーの書き方②

お悩みを代弁する

2つ目は、「お悩みを代弁する」キャッチコピーです。

これは、ターゲットが日頃何となく思っている不安やお悩みを
キャッチコピーの中で代弁することで、共感してもらう書き方です。

健康のこと、家族のこと、お金のこと、将来のこと、人間関係。
生きていると心配事は尽きないものです。

何か困りごとの解決を提案するチラシでは、
大変効果的なキャッチコピーです。

具体的に見ていきましょう。

運動で心も体もリフレッシュ！

スポーツジムのキャッチコピー例です。
よくありがちな、月並みで弱いコピーです。

ターゲットは「普段あまり運動しない人」だとしましょう。
そんな人が日頃、運動に対して抱いているイメージを想像します。

すると、こんな心の声が聞こえてきます。

「運動、なかなか続かないんだよね…」

運動で心も体もリフレッシュ！

|

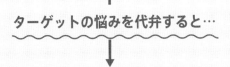

運動、なかなか続かないんだよね…

ねー。やらなきゃと思っていても、続かないものです。

この漠然とした不安をそのままキャッチコピーにすると、
ターゲットに「あるある！」という共感が生まれ、このチラシが
自分に関係あるということに気づいてもらえます。

この「お悩み代弁型」キャッチコピーで共感してもらった後、
「私たちなら、そのお悩みをこんな方法で解消できます」と提案する
流れでチラシを構成することができます。

ちなみにこの書き方のポイントは、語尾に「…」（三点リーダ）を
つけること。心のつぶやきっぽくなります。

中年太りをスッキリ解消！

もうひとつ、「不安代弁型」のコピーも効果的です。

こちらは健康器具か、サプリメントか、はたまたスポーツジムか、
中年太りでお悩みの方をターゲットにしたサンプルコピーです。

これもよくある感じですが、「スッキリ解消！」と言われても
なかなか共感は生まれません。

これを、ターゲットの不安を代弁した形にしてみます。

「私、こんなに太ってたっけ…」

弱い

中年太りをスッキリ解消！

|

ターゲットのリアルを代弁すると…

↓

強い

私、こんなに太ってたっけ…

最近撮られた写真をふと見ると、
あの頃の自分と違う姿になっていて微妙に凹む。
そんな中年層のリアルを代弁したコピーです。
ターゲットが見るとちょっとドキッとしますよね。

こんなふうにストーリーの見えるキャッチコピーだと、
どんな画像を使えばいいのかも考えやすくなります。

先ほどご紹介したファミリーサポートセンターの例も、
まさにこの書き方です。ママ、パパのあるあるを代弁していました。

ターゲットの不安を先回りして示すことで、
「そうそう！」「あるある！」を上手く引き出しましょう。

強い キャッチコピーの書き方③

メリットを盛り込む

次にご紹介するのは、「メリットを盛り込む」キャッチコピーです。

メリットとは、利点ですね。
誰にとっての利点かというと、もちろんターゲットにとっての利点です。

先ほど、「国際ボランティア大募集」のコピーを、ターゲット目線にして「英会話の腕をみがくチャンス！」に書き換えました。

視点を180度変え、ターゲットのメリットを前面に押し出して興味を引く書き方です。

ほかにも例を見てみましょう。

ウォーキング、始めませんか？

こちらはシニア層をターゲットにしたキャッチコピーです。

「○○始めませんか？」
「一緒に○○してみませんか？」
このコピーも大変よく見かけるパターンです。

やさしく語りかけるようなフレーズで、敷居の低さは感じますが、
かなり控えめで、キャッチコピーとしては弱くなっています。

これを、ターゲットのメリットを盛り込んだ書き方にしてみましょう。

ウォーキング、始めませんか？

ターゲットのメリットを盛り込むと…

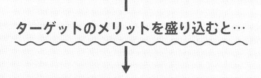

 ## 認知症対策は、ウォーキングで。

ウォーキングを促すだけでなく、ウォーキングで得られる
「メリット＝認知症対策になること」を盛り込みました。

ただウォーキング始めませんか？と言われるより、その先にある
メリットが見えているほうが、やってみようかなという気持ちに
なりますね。

もう1つ、そろばん塾のキャッチコピーです。

弱い

そろばんを教えて 30 年。

この「○○して○年」、もよくあるパターンです。

実際30年も商売を続けていらっしゃるのは、素晴らしいことです。
ついつい大きく書きたくなる気持ちもわかるんですが、
実はキャッチコピーとしては、「半世紀」「100年」など、圧倒的な
数でない限り、あまりインパクトのないものになってしまいます。

これを、メリットを盛り込む書き方に変えると
どうなるでしょうか。

そろばんを教えて 30 年。

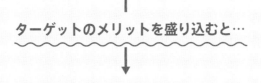

ターゲットのメリットを盛り込むと…

**計算力だけじゃない。
集中力や忍耐力も磨かれます。**

ターゲットは、子どもの習い事を検討している保護者です。

そろばんって暗算できるようになるだけって思っていたけど、それだけじゃないんだ、という意外性のあるメリットで興味を引きます。

キャッチコピーは、目に飛び込んでくる特等席にいますので、歴史の長さよりも、ターゲットにとってのメリットを大きく出したほうが、チラシを見てもらえるきっかけになります。

ターゲットの立場から、どんなメリットがあるかを具体的に想像して、キャッチコピーの中で提案してみましょう。

ホホー！

強い キャッチコピーの書き方④

数字を入れる

 最後にお伝えするのは、
「数字を入れる」キャッチコピーです。

文章の中にある数字は、人の目を引く効果があります。
また客観的な数字を用いることで、信頼性や説得力が増します。

短い数字は印象に残りやすく、キャッチコピーと相性の良い素材です。
確証のあるデータが手元にないか探してみて、
積極的に取り入れてみましょう。

ただ数字を入れればいいかというとそうではなく、
ちょっとした入れ方のコツがあります。作例で見ていきましょう。

売り切れ必至！
人気の生シュークリーム限定販売！

ケーキ屋さんの告知コピー例です。

人気なので売り切れちゃいますよ！という内容です。
何となく、あぁ人気があるんだなという感じは伝わりますが、
まだちょっと弱いコピーです。

次に、このコピーに数字を入れて、どのくらい人気
なのかがイメージできるようにアレンジしてみます。

弱い

売り切れ必至！人気の生シュークリーム限定販売！

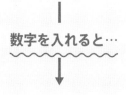

数字を入れると…

 強い

60分で完売した
生シュークリームが限定販売！

 先ほどのコピーと伝えている主旨はだいたい同じですが、
早く行かないとすぐ売り切れちゃいそうな感じが
しませんか？

時間という具体的な数字が入ることで、どれくらいのスピードで
商品が売れていったのかを直感的にイメージしやすくなります。

ちなみに、「1時間」と書くよりも「60分」と細分化した数字のほうが
リアリティが増します。

さらに言うと、例えば「55分で完売」など、中途半端であっても
正確なデータを入れると、もっと説得力が増します。

受講者のほとんどが満足と回答！

数字を入れると…

 受講者の 95％が満足と回答！

 もうひとつ、こちらは講座のキャッチコピーです。
この講座のアンケート結果だと嬉しいんですけども。

「ほとんどが満足」という曖昧な表現よりも、「95％」という数字が
入っていたほうが、満足度の高い講座ということが直感的に伝わりますね。

「たくさんの」「ほとんど」「多くの」など、
「程度」を表す言葉が出た場合は、数値に置き換えられないか
一度考えてみましょう。

結果が期待どおりでない数値でも…

↓

 強い

３人に１人がリピーター！

（実際は 33%）

アンケートの結果が期待に沿わず、そこそこの場合もあるかもしれません。そんなときは、「○人に○人」がおすすめです。

例えば33％でも「3人に1人がリピーター」と書いてあると、
結構リピーターがいるんだなというイメージは与えられます。

コピーに数字を入れると説得力が増すだけでなく、数字をうんと大きくしてアイキャッチにしたり、円グラフで視覚に訴える表現などもでき、数字がデザイン上のアクセントになってくれます。

お手元に公開できる数字のデータをお持ちでしたら、
ぜひキャッチコピーに活かしてみてください。
ただし、数字はしっかりとした根拠のあるものを選びましょう。

強い **キャッチコピーの書き方まとめ**

パターン①	**ターゲットを絞る**

パターン②	**お悩みを代弁する**

パターン③	**メリットを盛り込む**

パターン④	**数字を入れる**

ということで、心をグッ！とつかむキャッチコピーの書き方を4つ、
お伝えしました。

キャッチコピーというと文才がないと書けないと思われがちですが、
そんなことはありません。

まずはこれらのパターンに当てはめるだけでも、目を引く強いキャッチ
コピーは書けます。どれか1パターンを選んで書いてみてください。

そしてもちろん、コピーを大きく書くために
あまり長文にせず、簡潔にまとめることも忘れずに！

3時間目のおさらいクイズ

Q.1 弱いコピーと強いコピーの大きな違いは？

[　　　　　　　　　]　が違う

→ ヒントは P.97

Q.2 **ターゲットを絞るときのポイントを 2 つ選びましょう**

① できるだけ広く

② できるだけ具体的に

③ できるだけ狭く

④ できるだけ大まかに

→ ヒントは P.100

Q.3 **ターゲットの共感を得やすいコピーの書き方は？**

① できるだけ詳しく書く

② 解決策を提示する

③ 正確なタイトル

④ お悩みや不安を代弁する

→ ヒントは P.105

Q.4 **コピーに数字を入れるときに正しいものは？**

① 根拠のある数字を入れる

② 少しなら盛ってもいい

③ だいたいの数値でいい

④ 出どころは気にしない

→ ヒントは P.119

答えは裏面に

A.1 　主語

A.2 　② できるだけ具体的に　③ できるだけ狭く

A.3 　④ お悩みや不安を代弁する

A.4 　① 根拠のある数字を選ぶ

これだけで見違える
3つのデザインルール

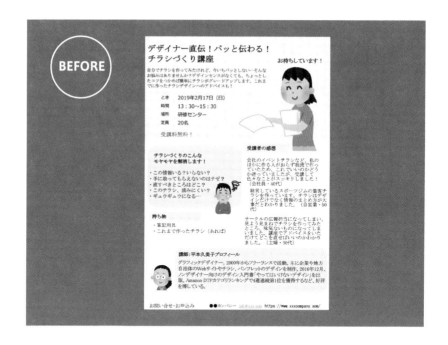

 こちらは、架空の「チラシづくり講座」のチラシです。
頑張って作った感じはしますが、ちょっと垢抜けない
雰囲気で、素人っぽさが残ります。

チラシやポスターなどのデザインは、プロ用のソフトを使わないと
キレイに作れないんじゃないか、と思っていませんか？
実はそんなことはないんです。

センスがいるでしょうか？　センスも、最初は必要ありません。

こちらの作例を、「おっ！いいね！」と言われるような、
垢抜けたデザインにしてみましょう。

左ページのビフォーと右ページのアフターを見比べてみてください。

パッと見た印象を比べると、右のほうがスッキリ見やすく
感じないでしょうか。文字の量は変えていません。

直したポイントは、基本的に3つだけです。

皆さんが普段お使いのソフトで、たった3つのことに注意するだけで
ここまで見やすくなる、デザインのルールをお伝えしていきます。

3つのデザインルール

文字の ジャンプ率を上げる

1つ目は、「文字のジャンプ率を上げる」ルールです。

ジャンプ率とは、本文の文字サイズに対する、
見出しやタイトルの文字サイズの比率のことです。

例えば本文が10ポイントで、タイトルが30ポイントだった場合、
ジャンプ率は＜3倍＞となります。

その差が大きければ「ジャンプ率が高い」、
小さければ「ジャンプ率が低い」と言います。

春の花を楽しもう

タイトル

見出し

チューリップ

春の草花の代表的存在といえば、チューリップ。王冠のような形の花が独特で、球根からの栽培を楽しめます。花壇に色とりどりの花が並んでいる姿が美しく、鉢植えにしても存在感があり、お庭をにぎやかにしてくれます。

カーネーション

ひらひらした花びらが何枚も重なった花がかわいらしいカーネーション。高温多湿を嫌い、根腐れを起こしやすいので、ガーデニングに取り入れるときは鉢植えがおすすめです。花が終わったらこまめに花がら摘みをしましょう。

本文

雑誌などを見ますと、だいたいこんなふうに、タイトル、見出し、本文、とだんだん文字サイズが小さくなっているのがわかります。この構造のおかげで、記事の主従関係がわかりやすくなります。

特に見出しは、本文を読まなくてもそのブロックに何が書いてあるか、拾い読みしやすくするために大切な要素です。

見出しのジャンプ率が低いと、見出しが本文にまぎれてしまい、情報を探しにくくなってしまいます。

広報紙など文章の多いデザインでは、見出しのジャンプ率を高めに設定すると読みやすくなります。

春の花 **28**pt しもう

チュ **14**pt プ

2倍

7pt

その花の代〔 〕的存在といこ〔 〕
フ。〔 〕ェ冠のよう〔 〕
、球根からの栽〔 〕
しめます。〔 〕とりどりの花
が並んでい〔 〕しく、鉢植え
にしても存在感があり、お庭をに
ぎやかにしてくれます。

カーネーション

4倍

ひらひらした花びらが何枚も重
なった花がかわいらしいカーネー
ション。高温多湿を嫌い、根腐れ
を起こしやすいので、ガーデニン
グに取り入れるときは鉢植えがお
すすめです。花が終わったらこま
めに花がら摘みをしましょう。

では実際どのくらいのジャンプ率が適当でしょうか。

今ご覧になっているこの作例の場合、
タイトルは28pt(ポイント)、見出しは14pt、本文は7ptです。

本文が7ptで見出しが14ptなので、見出しのジャンプ率は<**2倍**>。

本文が7ptでタイトルが28ptなので、タイトルのジャンプ率は<**4倍**>です。

このくらいのジャンプ率があると、少し離れたところからも
情報が伝わりやすいデザインになります。

新聞が読みやすいのは…

6倍の見出し
3倍の見出し

本文の文字は小さいので、ここから読む人はあまりいません。本文の文字は小さいので、ここから読む人はあまりいません。本文の文字は小さいので、ここから読む人はあまりいません。本文の文字は小さいので、ここから読む人はあまりいません。

新聞が1色刷りで文字ばかりなのに読みやすい理由のひとつは、
見出しのジャンプ率の高さにあります。大見出しでは6〜8倍、
号外のような特大のタイトルでは10倍以上のジャンプ率もあります。

視線は、大きいところから小さいところへ流れます（P.62参照）。

新聞を開いたときを想像してください。いきなり本文は読みませんね。
まず一番大きい見出しに目が行き、興味がなければ中くらいの見出しを
拾い読みしていって、興味のある見出しが見つかれば、最後に一番小さ
な記事本文を読んでいきます。

本文と見出しのジャンプ率を高くしてメリハリをつけることは、
視線を誘導するためには欠かせないテクニックなんです。

ホホー！

BEFORE 文字のジャンプ率が低い

では今一度、文字のジャンプ率に注目しながら
先ほどの作例を見てみましょう。

まず、本文とタイトル。あまりジャンプ率は高いといえませんね。
2倍くらいのジャンプ率で、メリハリがありません。

見出しにいたっては、本文のサイズとほぼ同じです。

この状態から、本文のサイズは変えず、
見出しとタイトルのサイズだけを大きくすると、
右ページのようになります。

こんな感じです。

タイトルは長いので2行に分け、「チラシづくり講座」の文字だけを
本文の3倍のジャンプ率にして目立たせました。
見出しは、本文の2倍のジャンプ率にしました。

そして、開催日も、ほかの項目より大きくしてメリハリをつけました。
これにより、パッと見ただけで「チラシづくり講座がこの日にある」
ということが把握できるようになりました。

ビフォー・アフターを比較してみましょう。

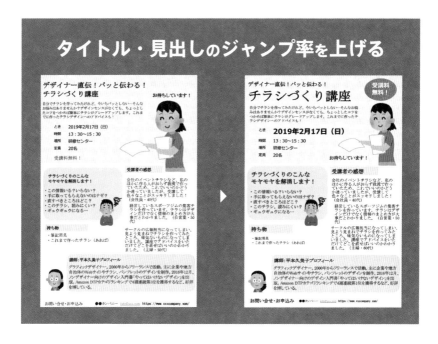

タイトル・見出しのジャンプ率を上げる

右側のほうが、ざっと流し読みしたときにも
内容を把握しやすくなったことがわかると思います。

何度も言いますが、チラシは素通りしていく人たちに、いかに目を留め
てもらうかが勝負です。そのために、文字のジャンプ率を上げてキーワー
ドを大きく書くことで、パッと伝わるチラシになります。

チラシだけでなく、広報紙、プレゼンスライド、報告書、名刺まで
文字が主体のデザインでは、ジャンプ率の高さが、読みやすさや、
内容のつかみやすさを確保してくれます。

どんなデザインでも、常にジャンプ率を意識してみてください。

3 つのデザインルール

適材適所の フォント選び

 2つ目のルールは、「適材適所のフォント選び」です。

フォントは、デザインの印象を決める大切な要素です。

タイトルが目立たない、読みにくい、なぜかダサく見えてしまう……
などのお悩みは、フォント選びが原因かもしれません。

いろんな種類のフォントをたくさん使うのも、読みにくくなったり、
デザインにまとまりがなくなる要因のひとつです。

どれを選べばいい？

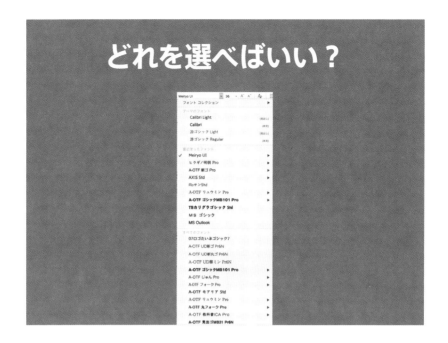

フォントを選ぶとき、パソコンのシステムに入っていたり、
ソフトについてきたフォントから何となく選んでいませんか？

こんなふうに長ーいフォントリストから、どれを使ったらいいか迷って
しまうお悩みをよく聞きますが、使う場所によって、それぞれフォント
を選ぶコツがあります。

では、どこにどういったフォントを使うのが適切か、
詳しくご紹介していきます。

フォントはざっくり3種類

ゴシック体

明朝体

その他の書体

 まず、フォントにはざっくり分けて、3種類あります。
ゴシック体、明朝体、その他の書体、です。

さらに、太さ（ウエイト）のバリエーションがあるフォントもあります。

フォント名の末尾に「W（ウエイト）＋数字」をつけて太さを示したり、
次のようなアルファベットをつけて太さを示すフォントもあります。

「B（ボールド）」「UB（ウルトラボールド）」「H（ヘビー）」と
ついているのは太いフォント、
「L（ライト）」「UL（ウルトラライト）」は細いフォント、
「R（レギュラー）」や「M（ミディアム）」は標準の太さです。

フォントの種類と共に、太さも意識して選びます。

タイトル・見出しにおすすめ

> # 太いゴシック体

- ## ヒラギノ角ゴ W8
- ## 創英角ゴシックUB
- ## 源柔ゴシック X　など
（フリーフォント）

タイトルや見出しにおすすめなのは、「太いゴシック体」です。

例えば上図のようなフォントですね。

Office系ソフト付属のフォントでしたら、創英角ゴシック、
Macをお使いの方でしたらヒラギノ角ゴW8などがおすすめです。

太いゴシック体がタイトルや見出しにおすすめな理由は単純で、
遠くからでも見えやすいからです。

遠くからでも見えやすい

文字サイズの比率

ジャンプ率とは、本文の文字サイズに対する、見出しサイズの比率のことです。たとえば、本文が 10pt で小見出しが 20pt、大見出しが 40ptだった場合、小見出しのジャンプ率は 2 倍、大見出しのジャンプ率は 4倍ということになります。ジャンプ率は、高い、低い、と表します。

文字サイズの比率

ジャンプ率とは、本文の文字サイズに対する、見出しサイズのことです。たとえば、本文が 10pt で小見出しが 20pt、大見出しが 40ptだった場合、小見出しのジャンプ率は 2 倍、大見出しのジャンプ率は 4倍ということになります。ジャンプ率は、高い、低い、と表します。

明朝体と比べると、ゴシック体のほうが目立って見えますね。
ゴシック体は塗り部分が多く、文字が固まりで目に飛び込んできます。

ポスターなど少し離れたところから見るのに適していますし、
情報量の多いチラシやパンフレットでも、見出しに太いゴシックを
使うことでアイキャッチになり、視線を誘導することができます。

ところで、タイトルによく使われるフォントというと……
皆さん恐らく一度は使ったことがあるフォントで、
プロのデザイナーはほとんど使わないフォントがあります。
何かおわかりになりますか？

ポップ体

=

△ ゴシック体
◎ その他の書体

そう、ポップ体です。
一度は見かけたことがありますよね。大変ポピュラーなフォントです。

このポップ体は、「ゴシック体」としてではなく、
「その他の書体」として使うのがおすすめです。

ポップ体は普通のゴシック体に比べ丸くて個性的なデザインなので、
タイトルなどに大きく使うと、どうしてもかわいらしさや
子どもっぽい印象が前に出てしまうからです。

SHOEI 学習塾

(ヒラギノ明朝)

SHOEI 学習塾

(ヒラギノ角ゴ)

SHOEI 学習塾

(創英角ポップ体)

ここに、架空の学習塾のロゴを、フォントを変えて並べてみました。
上から明朝体、ゴシック体、ポップ体です。

こう見比べると、フォントによる印象の違いがわかりますね。
どの塾に通わせてみたいと感じますか?

一番目立つタイトルに使うフォントは、デザインの顔とも言えます。

タイトルに太い書体を選ぶときには、何でもポップ体に頼らず、
ほかの太いゴシック体と見比べて、デザインの内容や雰囲気に
マッチしているかどうか、検討してみましょう。

本文におすすめ

標準のゴシック体・明朝体

- ヒラギノ角ゴ W3
- ヒラギノ明朝 W3
- 游ゴシック体
- 游明朝体　　　　など

さて、次は本文に使うフォントです。
本文には、標準の太さのゴシック体か、明朝体がおすすめです。

パソコンにあらかじめ入っているフォントの中では、
ヒラギノ系のW3や、游ゴシック系が読みやすくておすすめです。

本文は複数行にわたって小さな文字で書かれますので、
デザイン性よりも読みやすさを重視して選びましょう。

太くても細くても読みにくくなってしまう危険性があるので、
標準の太さのものを選びます。

ゴシック体

ジャンプ率とは、本文の文字サイズに対する、見出しサイズの比率のことです。ジャンプ率は、高い、低い、と表します。

落ち着き感 UP 　親しみ感 UP

明朝体

ジャンプ率とは、本文の文字サイズに対する、見出しサイズの比率のことです。ジャンプ率は、高い、低い、と表します。

丸ゴシック体

ジャンプ率とは、本文の文字サイズに対する、見出しサイズの比率のことです。ジャンプ率は、高い、低い、と表します。

ゴシック体か明朝体かどちらか悩んだときは、
まずはゴシック体を使ってみて、デザイン全体を眺めてみます。

ちょっとカジュアル過ぎると思ったら明朝体に、
もっと親しみやすさが欲しいと思ったら丸ゴシック、など
微調整してみましょう。本文のフォントで全体の雰囲気が変わります。

その際も読みやすさを最重視して、あまりクセのあるフォントは
選ばないようにしましょう。

悩みすぎて、もうわからん！となったときは、
読みやすいゴシック体でOKです。

ホホー！

明朝体は長文向き

ゴシック体と明朝体の印象についてもう少し。明朝体はゴシック体に比べる
と、やや物静かで真面目な印象がします。そんな感じしませんか？新聞や小
説、論文、議事録、大事なお知らせなど、じっくり読ませる長文には明朝体の方
が適しています。でも、パッと伝える印刷物のデザインには、長文は厳禁でし
たね。1ブロックには50字、長くても100字以内が読みやすい文章量です。ゴ
シック体で何十行も長文を読むのは疲れますが、そのくらいのボリュームで
あればサラッと読めますので、まずはゴシック体から始めて、印象を確認して
みてください。

(ヒラギノ明朝 Pro W3)

パッと伝えたいデザインとの相性は ✕

 ゴシック体と明朝体の印象についてもう少し。

明朝体はゴシック体に比べると、やや物静かで真面目な印象です。
(↑そんな感じしませんか？)
新聞や小説、論文、議事録、大事なお知らせなど、じっくり読ませる
長文には明朝体のほうが適しています。

でも、パッと伝えるデザインにこんな長文は禁物でしたね。
1ブロックには50字、長くても100字以内が読みやすい文章量です。

ゴシック体でこの作例のような長文を読むのは疲れますが、
50〜100字の段落であればサラッと読めますので、
まずはゴシック体から始めて、印象を確認してみてください。

個性的なフォントは文章が読みにくい

ゴシック体

ジャンプ率とは、本文の文字サイズに対する、見出しサイズの比率のことです。たとえば、本文が10ptで小見出しが20pt、大見出しが40ptだった場合、小見出しのジャンプ率は2倍、大見出しのジャンプ率は4倍ということに

(ヒラギノ角ゴ Pro W3)

手書き書体

ジャンプ率とは、本文の文字サイズに対する、見出しサイズの比率のことです。たとえば、本文が10ptで小見出しが20pt、大見出しが40ptだった場合、小見出しのジャンプ率は2倍、大見出しのジャンプ率は4倍ということ

(殴り書きクレヨン)

3つの種類中、本文に一番向いていないのは「その他の書体」です。

手書き書体や、ポップ体、毛筆書体、筆記体など
個性的にデザインされたフォントですね。

こういった個性的なフォントが文章の固まりになると、
一字一字に動きがあるため、たとえ短い文章であっても
読むのに疲れてしまいます。そのため本文にはおすすめしません。

ではこれらの個性的なフォント、どこに使うのが効果的でしょうか。

アクセントにおすすめ

手書き・個性的なフォント

- こども丸ゴシック
- 殴り書きクレヨン
- ちはや角
- ほのか丸ゴシック　　など

(全てフリーフォント)

その他の書体は、デザインのアクセントに使うのがおすすめです。

ゴシック体や明朝体はシンプルな分、それだけでは特徴が出ません。

一方、個性的なフォントは、「かわいい」「近未来的」「和風」
「エレガント」など、特定の印象を与えることができます。

上図に挙げたのはインターネットで無料配布されているデザイン書体です。
クオリティの高い書体が多く、商用利用が可能なフォントも
たくさんありますので、ぜひ検索・活用してみてください。

ポイント使いでアクセントを！

（こども丸ゴシック）　　　（HT Neon）

 個性的なその他のフォント、
実際には、こんな使い方がおすすめです。

キャラクターのセリフには、手書きフォントが似合います。

個性的な英文字フォントも、イメージの近くにキーワードを
添える感じに使うと、デザインにアクセントがつきます。

文章に使うにはクセが強過ぎるフォントでも、
こんなふうにポイント使いすることでデザインに個性を出せます。

ゴシックや明朝ばかりの中でこういった動きのあるフォントは
目立つので、アイキャッチにもなりますね。

さぁ、ということで適材適所のフォント選び。
これらを踏まえて、作例のほうに戻ってみましょう。

先ほど、ジャンプ率を調整した状態です。

使われているフォントに注目しますと……、
タイトル、見出し、本文、ほぼ明朝体ですね。

これを、適材適所のフォント選びに沿って見直してみます。

デザイナー直伝！パッと伝わる！
チラシづくり講座

受講料
無料！

自分でチラシを作ってみたけれど、今いちパッとしない…そんなお悩みはありませんか？デザインセンスがなくても、ちょっとしたコツをつかめば簡単にチラシがグレードアップします。これまでに作ったチラシデザインへのアドバイスも！

とき　**2019年2月17日（日）**
時間　13：30〜15：30
場所　研修センター
定員　20名

お待ちしています！

**チラシづくりのこんな
モヤモヤを解消します！**

・この情報いる？いらない？

受講者の感想

会社のイベントチラシなど、私のほかに
作る人がおらず我流で作っていたため、
これでいいのかどうか迷っていましたが、

こんな感じです。

タイトルと見出しは太いゴシック体、
本文は標準の太さのゴシック体に変えました。
イラスト近くのひとことは、手書きフォントにして
親しみやすいイメージを印象づけました。

比べて見ると、タイトルが目に飛び込んで来て、直感的に何の講座か
把握できるようになり、本文も読みやすさが向上しました。

なんだかゴチャッとするな、読みにくいな、と思ったら
一度フォントを見直してみてください。

3つのデザインルール

余白と整列

そして3つ目のデザインルールは、「余白と整列」です。

2つ言ってますが、これはもう1セットで覚えていただきたい
基本ルールなので、まとめました。

まずは余白のお話です。

パンフレットや広報紙のように文字が多めのデザインでは、
読みやすさを確保するために、余白を取ることはとても大切です。

これから2つの紙面レイアウトをご覧いただきます。
ちょっと細かいですが、内容そのものではなく、
ページのレイアウト全体に注目してください。

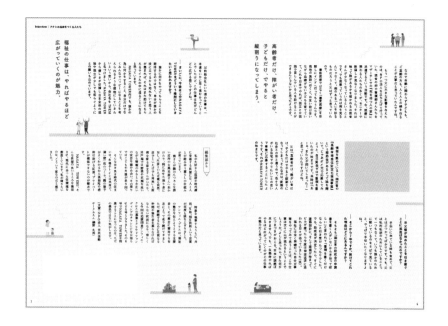

これは、私が紙面デザインを担当させていただいたフリーペーパーの見開きデザインです。長文のインタビュー記事で、テキストが主なコンテンツの「読み物」ページです。

これでA4サイズ2ページ分。1ページあたり、約1,000字をレイアウトしています。原稿用紙2.5枚分です。少ないと思いますか？

次のページでもう1枚、見ていただきます。

お見せするのがちょっと恥ずかしいですが、このフリーペーパー創刊当時、まだ私自身が、読み物の紙面デザインに全く慣れていなかったころに、初めてレイアウトした特集ページです。

詰まってますよね〜。隙間を埋めよう埋めようとしています。

こちらは見開きで約4,000字、1ページあたり約2,000字あります。
先ほどの倍の文字量です。

ものすご〜く頑張って読まないといけないイメージですよね。
老眼の方にも見えにくそうです。

フリーペーパーなど、気軽に手に取ってほしい印刷物では、
こんなに文字がギュウギュウ詰めだと読む気がなくなってしまいます。
せっかく読んでほしいのに、それでは本末転倒ですよね。

先ほどの1ページ1,000字のデザインと比較してみますと……

約 **1,000** 字 /1P　　約 **2,000** 字 /1P

◎ 余白たっぷり　　△ 余白が少ない

左側の、文字数が少ないほうが、ゆっくり落ち着いて読めますね。

これは、ページの外周や、段落と段落の間など、ページ内に余白がたっぷりあるためです。余白は、隣り合った要素がお互い干渉しないようにするための、クッションの働きをします。

読みやすいデザインにするためには、できるだけ文字数は抑えて、
余白をしっかり確保することが大切です。

では先ほどの作例に戻り、どんな場所に余白が必要か、
ビフォー・アフターで見ていきましょう。

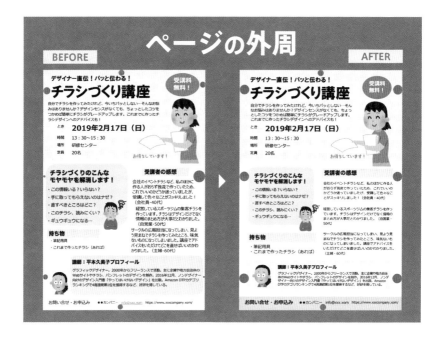

先ほどの作例、余白に注目して見てみましょう。

まずは、ページの外周です。赤い丸を入れた部分です。
左側のビフォーでは、用紙の端ギリギリまで文字や画像が配置されていて、余白がほとんどありません。視線の逃げ場がなく、窮屈なイメージに見えますね。

右側のアフターでは、用紙の端と、中にある文字や画像との間に余白が入っています。スッキリ整って見えますね。

A4サイズで、最低でも約1.5cmは外周に余白を取るように意識してみましょう。また、上下左右の余白の幅を揃えるときれいに整います。

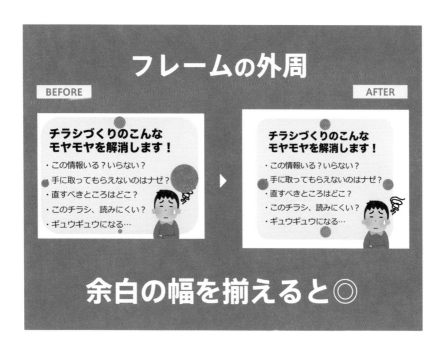

次に注目するのは、文字などを囲ったフレームの部分です。

ここも、フレームの枠ギリギリまで文字や画像を詰め込むと
窮屈なイメージに見えるので要注意です。

フレームの中にある要素との間に余白を入れると、スッキリ見えます。

ここもページ外周同様に、上下左右の余白の幅を揃えると
きれいに整います。

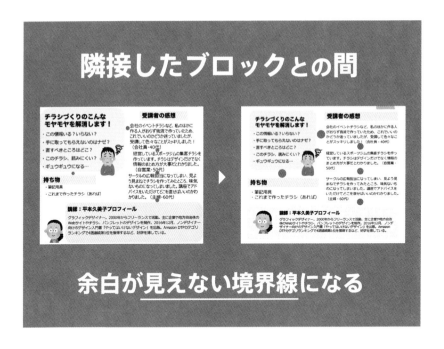

また、隣接したブロックとの間にも余白は必須です。

作例内の＜受講者の感想＞のようにブロックが連続するデザインでは、各ブロックの間に等間隔で余白を入れると、ひとつひとつのブロックを集中して読むことができます。余白の幅は本文の2行分くらいが目安です。

何でも枠線や境界線で区切ってしまっているデザインを見かけますが、境界線を引くと、その線とコンテンツの間にも余白がいるので、その分スペースがたくさん必要になってしまいます。

線ではなく余白で区切ることで、余白が見えない境界線になり、狭いスペースでもスッキリ見やすいデザインにすることができます。

行間

受講者の感想

会社のイベントチラシなど、私のほかに
作る人がおらず我流で作っていたため、
これでいいのかどうか迷っていましたが、
受講して色々なことがスッキリしました！
（会社員・40代）

　経営しているスポーツジムの集客チラシを
作っています。チラシはデザインだけでなく
情報のまとめ方が大事だとわかりました。
（自営業・50代）

サークルの広報担当になってしまい、見よ

▶

受講者の感想

会社のイベントチラシなど、私のほかに作る人
がおらず我流で作っていたため、これでいいの
かどうか迷っていましたが、受講して色々なこ
とがスッキリしました！（会社員・40代）

経営しているスポーツジムの集客チラシを作っ
ています。チラシはデザインだけでなく情報の
まとめ方が大事だとわかりました。（自営業・
50代）

文字サイズの 0.7～1.0 倍が読みやすい

それから見落としがちな余白に、行間があります。
文章の行間が狭いと窮屈で読みにくくなってしまいます。

適度に行間を広げてクッションを入れることで、
読みにくさを解消できます。

適度な行間の目安は、文字サイズの0.7～1.0倍です。
文字サイズ10ptだった場合、7～10ptくらいの行間ですね。

狭すぎず、広すぎず、違和感なく読みやすい文章になります。

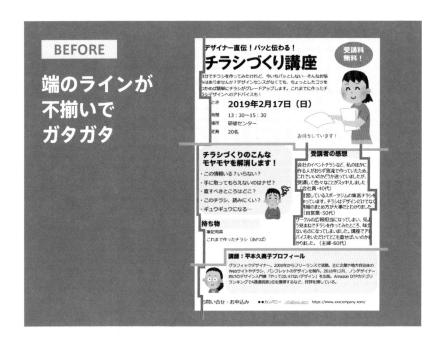

BEFORE

端のラインが
不揃いで
ガタガタ

 さぁ、適度に余白を取ったら、最終仕上げは「整列」です。
整列とは要素の端を、一直線に揃えるルールです。

これはグラフィックデザインでは基本中の基本のルールですが、
守られていないケースを見かけます。

上の作例を見てください。

要素の端に沿って縦と横にラインを引くと、ガタガタしていますね。
これが、全体がゴチャッと見えてしまう原因のひとつなんです。

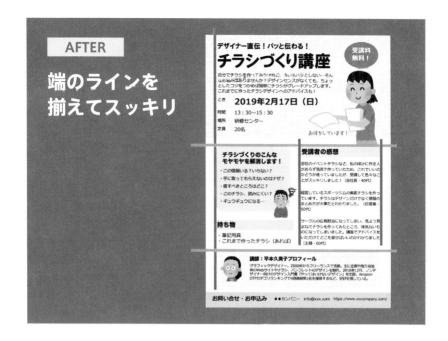

端のラインを
揃えてスッキリ

AFTER

要素の端を整列したものがこちらです。
用紙に対して、垂直、水平のラインを意識して揃えます。

要素を整列することで、実は「余白の形」を整えています。
だからスッキリ見えるというわけです。

基準は左と上のラインです。デザインによっては右寄せもアリですが、
横書きの場合、行頭が揃う左寄せのほうがきれいに見えます。
中央寄せは両端が凸凹するので、あまりチラシ向きではありません。

整列コマンドは、たいていのソフトに標準でついている機能です。
余白を取るのと一緒に、整列は毎回意識してみてください。

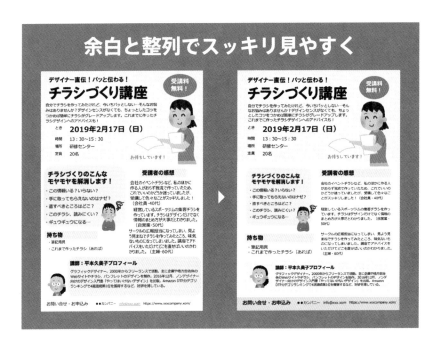

 改めてビフォー・アフターを見比べてみましょう。

まずは余白。

用紙の外枠。枠と文章の間、隣り合ったブロックとの間、そして行間。
こういったところに余白、クッションを意識的に入れることで、
隣り合う要素が干渉せず、内容に集中することができます。

そして、整列。

左端、上端を揃えることで、全体がスッキリ見えます。

余白と整列のルールはぜひセットで、実践してみてください。

3つのルールでこんなに変わる！

というわけで、3つのデザインルールをお伝えしました。
初期状態から並べて見比べてみましょう。
メリハリが出て、かなり見やすくなりました。

文字のジャンプ率を上げたことで、
ビフォーでは、チラシを配る人のイラストがまず目に入って来ますが、
アフターではまずタイトルに目が行くようになりました。

それからフォント選び、余白と整列を見直したことで、
ちょっと頼りない印象だった講座のイメージが、
キチンとした講座のイメージに変わりました。

これだけで見違える！
3つのデザインルール

1 文字のジャンプ率を上げる

2 適材適所のフォント選び

3 余白と整列

文字のジャンプ率、フォント選び、余白と整列。

派手なテクニックではありませんが、特別なソフトを使わなくても、
この3つを意識するだけでグッと見やすくなります。

何となくデザインが垢抜けないな、と感じたら
まずこの3つを見直すことから始めてみてください。

［ 4 時間目のおさらいクイズ ］

Q.1 **本文が 9pt、見出しが 18pt のとき、ジャンプ率は何倍？**

```
┌─────────────┐
│             │  **倍**        → ヒントは P.128
└─────────────┘
```

Q.2 **次のうちジャンプ率を高くするメリットではないものは？**

① 要点がパッと伝わる　　② 内容がつかみやすくなる

③ たくさん書ける　　④ 視線を誘導できる

→ ヒントは P.129 ～ 131

Q.3 **タイトルに適しているフォントの種類は？**

① 細いゴシック体　　② 太い明朝体

③ 細い明朝体　　④ 太いゴシック体

→ ヒントは P.136

Q.4 **要素を整列するときの標準的な基準は？**

① 右と下　　② 左と上

③ 左と下　　④ 右と上

→ ヒントは P.157

答えは裏面に

A.1　2 倍

A.2　③ たくさん書ける

A.3　④ 太いゴシック体

A.4　② 左と上

デザインお直し
BEFORE & AFTER

....

広報紙編

 この章の内容を踏まえて、
ノンデザイナーさんの
作品をリメイクしました！

BEFORE

 全体的にブロック間の余白が少なく、窮屈で読みにくくなってしまっています。また各ブロックのデザインに統一感がないため、視線が泳いでしまいます。

3　社協だよりいこま No.111

認知症になっても暮らしやすいまちづくり

当協議会は生駒市から委託を受けて生駒市認知症高齢者等見守り事業「認知症支え隊」を実施しています。

《認知症支え隊って？》

> サロンが楽しみなのに、日にちを忘れてしまって、今回も参加できなかったな…

こんな悩みを持つかたと、サロン当日に電話や会場まで付添いができる隊員（ボランティア）をつなぐ等、住民同士ができる支え合いの活動を実施しています。

昨年秋、今年度で3回目となる認知症支え隊養成講座が実施されました。講座では認知症についての医学知識や支援の方法について学び、認知症のかたやご家族のお話について理解を深めています。受講者同士の話合いでは活発な意見交換が行われ、認知症になっても暮らしやすいまちをつくろうとの熱い気持ちとやる気を持ったたくさんのかたが隊員登録し、活動されています。

○利用についてのご相談は、生駒市地域包括ケア推進課や地域包括支援センターにご連絡ください。

ボランティア活動保険の更新手続きについて

令和元年度にご加入いただきましたボランティア活動保険の補償期間は、令和2年3月31日(火)までです。引き続きボランティア活動を継続し、保険加入を希望されるかたは、令和2年度分の加入手続きが必要です。

4月1日から補償しうるためには3月中に手続きをお願いします。

※用紙の配布は3月1日から行います。

○受付け・問合せ
生駒市社会福祉協議会
(Tel 75-0234)

家計の不安を相談してみませんか？

借金や住宅ローン、税金の滞納、介護の費用など、生活に関わるお金について不安を感じていませんか。家計を見直すといっても、家計簿をつけたことがなく、ひと月の収支は把握できていない…。

司法書士と社協職員が家計の困り事をうかがい、解決策を考え、家計立て直しのお手伝いをします。

○問合せ
生駒市くらしとしごと支援センター
(Tel 0120-883-132)

○時間　午前9時～午後5時

相談日一覧

あなたのその悩み、一緒に解決しましょう！

相談の種類	相談員	とき	ところ	予約	連絡先
心配ごと相談	民生委員 児童委員	毎週木曜日 午後1時～午後4時	生駒セイセイビル4階（元町1-6-12）	—	生駒市社会福祉協議会 Tel 75-0234 Fax 73-0533
無料家計相談	司法書士 社協職員	1/8・2/12・3/11 午後1時30分～午後3時30分		要	生駒市くらしとしごと支援センター Tel 0120-883-132
成年後見制度無料相談	司法書士 社協職員（社会福祉士）	2/20・3/19（1月は休み） 午後1時30分～午後3時30分	生駒市福祉センター（さつき台2-6-1）	要	生駒市権利擁護支援センター Tel 73-0780 Fax 73-0294 （日、月、祝日を除く）
高齢者・障がい者のための無料法律相談	弁護士	1/23・2/13・2/27・3/12・3/26 午後1時30分～午後3時30分			

♪相談は無料で、秘密は固く守られます。日時など変更になる場合がありますので事前に電話でご確認ください。

 善意銀行の預託者（令和元年9月～12月）　●○○○○　●○○○○○○

(敬称略)

AFTER

ブロック間に余白を取り、読みやすさを確保しました。また、見出しを目立たせてアイキャッチにすることで、次の記事へと視線を誘導します。

3 社協だよりいこま No.111

認知症になっても暮らしやすいまちづくり 認知症支え隊

当協議会は生駒市から委託を受けて、生駒市認知症高齢者等見守り事業「認知症支え隊」を実施しています。

サロンが楽しみなのに、日にちを忘れてしまって、今回も参加できなかったな…

こんな悩みを持ったかたと、サロン当日に、電話や会場まで付添いができる隊員（ボランティア）をつなぐ等、住民同士ができる支え合いの活動を実施しています。

昨年、今年度で3回目となる認知症支え隊養成講座が実施されました。講座では認知症についての医学知識や支援の方法について学び、認知症のかたやご家族のお話を伺って理解を深めています。受講者同士の話合いでは活発な意見交換が行われ、認知症になっても暮らしやすいまちをつくろうとの熱い気持ちとやる気を持ったたくさんのかたが隊員登録し、活動されています。

○ご利用についてのご相談は、生駒市地域包括ケア推進課または地域包括支援センターにご連絡ください。

ボランティア活動保険
更新手続きについて

令和元年度にご加入いただきましたボランティア活動保険の補償期間は、令和2年3月31日(火)までです。引き続き保険加入を希望されるかたは、令和2年度分の加入手続きが必要です。
4月1日から補償するためには、3月中に手続きをお願いします。
※用紙の配布は3月1日から行います

◆受付・問合せ
生駒市社会福祉協議会
Tel：75-0234

家計の不安
何でもお気軽にご相談下さい

借金や住宅ローン、税金の滞納、介護の費用など、生活に関わるお金について不安を感じていませんか。家計を見直すといっても、家計簿をつけたことがなく、ひと月の収支は把握できていない‥など。
司法書士と社協職員が家計の困り事をうかがい、解決策を考え、家計立て直しのお手伝いをします。

◆問合せ（午前9時〜午後5時）
生駒市くらしとしごと支援センター
Tel：0120-883-132

ひとりで悩まず、お気軽にご相談ください。

相談の種類	相談員	とき	ところ	予約	連絡先
心配ごと相談	民生委員 児童委員	毎週木曜日 午後1時〜午後4時	生駒セイセイビル 4階 (元町1-6-12)	—	社会福祉協議会 Tel 75-0234 Fax 73-0533
無料家計相談	司法書士 社協職員	1/8・2/12・3/11 午後1時30分〜午後3時30分	〃	要	生駒市くらしとしごと支援センター Tel 0120-883-132
成年後見制度 無料相談	司法書士 社協職員 (社会福祉士)	2/20・3/19（1月は休み） 午後1時30分〜午後3時30分	生駒市 福祉センター (さつき台2-6-1)	要	生駒市権利擁護支援センター Tel 73-0780 Fax 73-0294 (日、月、祝日を除く)
高齢者・障がい者のための無料法律相談	弁護士	1/23・2/13・2/27・3/12・3/26 午後1時30分〜午後3時30分	〃		〃

♪相談は無料で、秘密は固く守られます。日時など変更になる場合がありますので事前に電話でご確認ください。

善意銀行の預託者
（令和元年9月中旬〜12月上旬）

（敬称略）

165

ブロック間の余白が狭く、窮屈な印象

ページの外周には余白がありますが、ブロックとブロックの間の余白が狭いため、視線の逃げ場がなく窮屈な紙面に見えます。（赤色が余白部分）

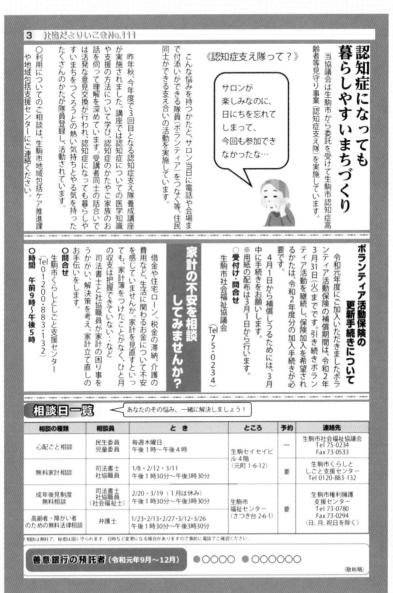

線ではなく、余白で区切ろう

段組みと段組みの間の余白を広く取りました。広報紙のように情報量の多い紙面では、線ではなく余白で区切ると内容が読みやすくなります。

---

3 社協だよりいこま No.111

認知症支え隊

認知症になっても暮らしやすいまちづくり

当協議会は生駒市から委託を受けて、生駒市認知症高齢者等見守り事業「認知症支え隊」を実施しています。

サロンが楽しみなのに、日にちを忘れてしまって、今回も参加できなかったな…

こんな悩みを持つかたと、サロン当日に、電話や会場まで付添いができる隊員（ボランティア）をつなぐ等、住民同士ができる支え合いの活動を実施しています。

昨年秋、今年度で3回目となる認知症支え隊養成講座が実施されました。講座では認知症についての医学知識や支援の方法について学び、認知症のかたやご家族のお話を伺って理解を深めています。受講者同士の話合いでは活発な意見交換が行われ、認知症になっても暮らしやすいまちをつくろうとの熱い気持ちをやる気を持ったたくさんのかたが隊員登録し、活動されています。

◯ご利用についてのご相談は、生駒市地域包括ケア推進課または地域包括支援センターにご連絡ください。

ボランティア活動保険
更新手続きについて

令和元年度にご加入いただきましたボランティア活動保険の補償期間は、令和2年3月31日(火)までです。引き続き保険加入を希望されるかたは、令和2年度分の加入手続きが必要です。
4月1日から補償するためには、3月中に手続きをお願いします。
※用紙の配布は3月1日から行います

◆受付・問合せ
生駒市社会福祉協議会
Tel：75-0234

家計の不安
何でもお気軽にご相談下さい

借金や住宅ローン、税金の滞納、介護の費用など、生活に関わるお金について不安を感じていませんか。家計を見直すといっても、家計簿をつけたことがなく、ひと月の収支は把握できていない‥‥など。
司法書士と社協職員が家計の困り事をうかがい、解決策を考え、家計立て直しのお手伝いをします。

◆問合せ（午前9時〜午後5時）
生駒市くらしとしごと支援センター
Tel：0120-883-132

ひとりで悩まず、お気軽にご相談ください。

相談の種類	相談員	とき	ところ	予約	連絡先
心配ごと相談	民生委員 児童委員	毎週木曜日 午後1時〜午後4時	生駒セイセイビル 4階 (元町 1-6-12)	―	社会福祉協議会 Tel 75-0234 Fax 73-0533
無料家計相談	司法書士 社協職員	1/8・2/12・3/11 午後1時30分〜午後3時30分		要	生駒市くらしとしごと支援センター Tel 0120-883-132
成年後見制度 無料相談	司法書士 社協職員 (社会福祉士)	2/20・3/19（1月は休み） 午後1時30分〜午後3時30分	生駒市 福祉センター (さつき台 2-6-1)	要	生駒市権利擁護支援センター Tel 73-0780 Fax 73-0294 (日、月、祝日を除く)
高齢者・障がい者のための無料法律相談	弁護士	1/23・2/13・2/27・3/12・3/26 午後1時30分〜午後3時30分			

♪相談は無料で、秘密は固く守られます。日時など変更になる場合がありますので事前に電話でご確認ください。

善意銀行の預託者
（令和元年9月中旬〜12月上旬）

●○○○○　●○○○○○○○○

（敬称略）

見出しが長く、概要をつかみにくい

見出しが長いため、文字サイズが小さくなってしまっています。また白背景に黒文字が続いているため視線が留まりにくく、見出しから概要をつかみにくいデザインです。

3　社協だよりいこま No.111

認知症になっても暮らしやすいまちづくり

当協議会は生駒市から委託を受けて生駒市認知症高齢者等見守り事業「認知症支え隊」を実施しています。

《認知症支え隊って？》

昨年秋、今年度で3回目となる認知症支え隊養成講座が実施されました。講座では認知症についての医学知識や支援の方法について学び、認知症のかたやご家族の話を伺って理解を深めています。受講者同士の話合いで認知症になっても暮らしやすいまちをつくろうとの熱い気持ちとやる気を持ったたくさんのかたが隊員登録し、活動されています。

こんな悩みを持ったと、サロン当日に電話や会場まで付添いができる隊員「ボランティア」をつなぐ支え合い、住民同士ができる支え合いの活動を実施しています。

サロンが楽しみなのに、日にちを忘れてしまって、今回も参加できなかったな…

○利用についてのご相談は、生駒市地域包括ケア推進課や地域包括支援センターにご連絡ください。

ボランティア活動保険の更新手続きについて

令和元年度にご加入いただきましたボランティア活動保険の補償期間は、令和2年3月31日（火）までです。引き続きボランティア活動を継続し、保険加入を希望されるかたは、令和2年度分の加入手続きが必要です。

4月1日から補償しうるためには、3月中に手続きをお願いします。

※用紙の配布は3月1日からとなります。

○受付け・問合せ
生駒市社会福祉協議会
〔Tel〕75・0234

家計の不安を相談してみませんか？

借金や住宅ローン、税金の滞納、介護の費用など、生活に関わるお金について不安を感じていませんか？家計簿をつけたことがなく、ひと月の収支は把握できていない…など、司法書士と社協職員が家計の困り事をおうかがい、解決策を考え、家計立て直しのお手伝いをします。

○問合せ
生駒市くらしとしごと支援センター
〔Tel〕0120・883・132
○時間　午前9時～午後5時

でも… **どうして概要を伝える必要があるの？**

ズバリ！ **ザッと流し読みする方への配慮です。**

広報紙を読むとき、ペラペラめくりながら情報を探しませんか？読者に特に伝えたい情報を見落とされないためには、見出しを目立たせる工夫が必要です。見出しには「このページにこんなことが書いてあります」と知らせる役目があります。アクセントカラーを使ったりジャンプ率を上げるのも効果的ですが、モノクロ印刷やエリア制限が厳しい場合には、場所を取らずに目立たせることのできる「白抜き」のデザインがおすすめです。

キーワードを抜き出し、大きくしよう

長い見出しや本文中から重要なキーワードを抜き出し、大きく目立たせました。こうすることで、単語が目に飛び込んできて、興味のある記事を見つけやすくなります。

認知症支え隊

認知症になっても暮らしやすいまちづくり

当協議会は生駒市から委託を受けて、生駒市認知症高齢者等見守り事業「認知症支え隊」を実施しています。

サロンが楽しみなのに、日にちを忘れてしまって、今回も参加できなかったな…

こんな悩みを持つかたと、サロン当日に、電話や会場まで付添いができる隊員（ボランティア）をつなぐ等、住民同士ができる支合いの活動を実施しています。

昨年秋、今年度で3回目となる認知症支え隊養成講座が実施されました。講座では認知症についての医学知識や支援の方法について学び、認知症のかたやご家族のお話を伺って理解を深めています。受講者同士の話合いでは活発な意見交換が行われ、認知症になっては暮らしやすいまちをつくろうとの熱い気持ちを持ったたくさんのかたが隊員登録し、活動されています。

○ご利用についてのご相談は、生駒市地域包括ケア推進課または地域包括支援センターにご連絡ください。

ボランティア活動保険
更新手続きについて

令和元年度にご加入いただきましたボランティア活動保険の補償期間は、令和2年3月31日(火)までです。引き続き保険加入を希望されるかたは、令和2年度分の加入手続きが必要です。
4月1日から補償するためには、3月中に手続きをお願いします。
※用紙の配布は3月1日から行います

◆受付・問合せ
生駒市社会福祉協議会
Tel：75-0234

家計の不安
何でもお気軽にご相談下さい

借金や住宅ローン、税金の滞納、介護の費用など、生活に関わるお金について不安を感じていませんか。家計を見直すといっても、家計簿をつけたことがなく、ひと月の収支は把握できていない‥など。
司法書士と社協職員が家計の困り事をうかがい、解決策を考え、家計立て直しのお手伝いをします。

◆問合せ（午前9時〜午後5時）
生駒市くらしとしごと支援センター
Tel：0120-883-132

ひとりで悩まず、お気軽にご相談ください。

相談の種類	相談員	とき	ところ	予約	連絡先
心配ごと相談	民生委員 児童委員	毎週木曜日 午後1時〜午後4時	生駒セイセイビル 4階 (元町1-6-12)	―	社会福祉協議会 Tel 75-0234 Fax 73-0533
無料家計相談	司法書士 社協職員	1/8・2/12・3/11 午後1時30分〜午後3時30分		要	生駒市くらしと しごと支援センター Tel 0120-883-132
成年後見制度 無料相談	司法書士 社協職員 (社会福祉士)	2/20・3/19（1月は休み） 午後1時30分〜午後3時30分	生駒市 福祉センター (さつき台2-6-1)	要	生駒市権利擁護 支援センター Tel 73-0780 Fax 73-0294 (日、月、祝日を除く)
高齢者・障がい者の ための無料法律相談	弁護士	1/23・2/13・2/27・3/12・3/26 午後1時30分〜午後3時30分			

♪相談は無料で、秘密は固く守られます。日時など変更になる場合がありますので事前に電話でご確認ください。

善意銀行の預託者
(令和元年9月中旬〜12月上旬)　●○○○○○　●○○○○○○○○○

（敬称略）

縦書きばかりで視線が泳いでしまう

紙面上に縦書きばかりが続くと、視線の流れが複雑になり、読みにくくなることがあります。

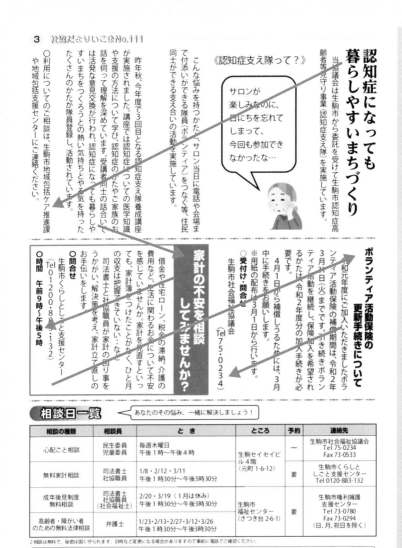

横書きも取り入れて、読みやすくしよう

縦書きから横書きの段組みに切り替えることで、記事の読み終わりから次の記事へ無理なく視線を誘導できます。

認知症になっても暮らしやすいまちづくり

認知症支え隊

当協議会は生駒市から委託を受けて、生駒市認知症高齢者等見守り事業「認知症支え隊」を実施しています。

こんな悩みを持ったかたと、サロン当日に、電話や会場で付添いができる隊員〔ボランティア〕をつなぐ等、住民同士ができる支え合いの活動を実施しています。

サロンが楽しみなのに、日にちを忘れてしまって、今回も参加できなかったな…

昨年、今年度で3回目となる認知症支え隊養成講座が実施されました。講座では認知症についての医学知識や支援の方法について学び、認知症のかたやご家族のお話を伺って理解を深めています。受講者同士の話合いでは活発な意見交換が行われ、認知症になっても暮らしやすいまちをつくろうとの熱い気持ちとやる気を持ったたくさんのかたが隊員登録し、活動されています。

○ご利用についてのご相談は、生駒市地域包括ケア推進課または地域包括支援センターにご連絡ください。

ボランティア活動保険
更新手続きについて

令和元年度にご加入いただきましたボランティア活動保険の補償期間は、令和2年3月31日(火)までです。引き続き保険加入を希望されるかたは、令和2年度分の加入手続きが必要です。
4月1日から補償するためには、3月中に手続きをお願いします。

家計の不安
何でもお気軽にご相談下さい

借金や住宅ローン、税金の滞納、介護の費用など、生活に関わるお金について不安を感じていませんか。家計を見直すといっても、家計簿をつけたことがなく、ひと月の収支は把握できていない‥‥など。
司法書士と社協職員が家計の困り事をうかがい、解決策を考え、家計立て直しのお手伝いを

縦書きの紙面に横書きって、アリ？

ズバリ！

全然アリ！雑誌を参考にしてみましょう。

右綴じの広報紙だからと言って、文章は全部縦書きに！ とこだわらなくても大丈夫です。雑誌のインタビュー記事などを見てみると、本文は縦書きで統一し、プロフィールなどの付帯情報は横書きでまとめる、といったレイアウトの切り替えは頻繁に使われています。縦書きばかりのワンパターンでは読者が疲れてしまいますので、横書きの段組みも取り入れてレイアウトにメリハリをつけましょう。

ここが惜しい

見出しのデザインに統一感がない

本文は使用フォントが統一されていますが、見出しのフォントやデザインに統一感がないため、全体的にゴチャッとした印象に見えてしまいます。

認知症になっても暮らしやすいまちづくり

《認知症支え隊って？》

当協議会は生駒市から委託を受けて生駒市認知症高齢者等見守り事業（認知症支え隊）を実施しています。

> サロンが楽しみなのに、日にちを忘れてしまって、今回も参加できなかったな…

こんな悩みを持つかたと、サロン当日に電話や会場まで付添いができる隊員（ボランティア）をつなぐ等、住民同士ができる支え合いの活動をしています。

昨年秋、今年度で3回目となる認知症支え隊養成講座が実施されました。講座では認知症についての医学的知識や支援の方法について学び、認知症のかたやご家族のお話を伺って理解を深めています。受講者同士の話合いで認知症になっても暮らしやすいまちをつくろうとの熱い気持ちとやる気を持ったたくさんのかたが隊員登録し、活動されています。

○利用についてのご相談は、生駒市地域包括ケア推進課や地域包括支援センターにご連絡ください。

ボランティア活動保険の更新手続きについて

令和元年度にご加入いただきましたボランティア活動保険の補償期間は、令和2年3月31日（火）までです。引き続きボランティア活動を継続し、保険加入を希望されるかたは、令和2年度分の加入手続きが必要です。

4月1日から補償しうるためには、3月中に手続きをお願いします。
※用紙の配布は3月1日から行います。

○受付け・問合せ
生駒市社会福祉協議会
（Tel 75・0234）

家計の不安を相談してみませんか？

借入金や住宅ローン、税金の滞納、介護の費用など、生活に関わるお金について不安を感じていませんか。家計を見直したくても、家計簿をつけたことがなく、ひと月の収支は把握できていない…など司法書士と社協職員が家計の困り事をうかがい、解決策を考え、家計立て直しのお手伝いをします。

○問合せ
生駒市くらしとしごと支援センター
（Tel 0120・883・132）

○時間
午前9時〜午後5時

相談日一覧
あなたのその悩み、一緒に解決しましょう！

相談の種類	相談員	とき	ところ	予約	連絡先
心配ごと相談	民生委員児童委員	毎週木曜日午後1時〜午後4時	生駒セイセイビル4階（元町1-6-12）	—	生駒市社会福祉協議会Tel 75-0234Fax 73-0533
無料家計相談	司法書士社協職員	1/8・2/12・3/11午後1時30分〜午後3時30分		要	生駒市くらしとしごと支援センターTel 0120-883-132
成年後見制度無料相談	司法書士社協職員（社会福祉士）	2/20・3/19（1月は休み）午後1時30分〜午後3時30分	生駒市福祉センター（さつき台2-6-1）	要	生駒市権利擁護支援センターTel 73-0780Fax 73-0294（日、月、祝日を除く）
高齢者・障がい者のための無料法律相談	弁護士	1/23・2/13・2/27・3/12・3/26午後1時30分〜午後3時30分		要	

♪相談は無料で、秘密は固く守られます。日時など変更になる場合がありますので事前に電話でご確認ください。

善意銀行の預託者（令和元年9月〜12月）
●○○○○　●○○○○○○

（敬称略）

フォントやデザインを揃えよう

見出しで使うフォントを統一し、中段は同じデザインを繰り返すことでスッキリ見やすくなりました。ひとつの紙面にいろいろなフォントやデザインを混在させ過ぎないようにしましょう。

認知症支え隊

認知症になっても暮らしやすいまちづくり

当協議会は生駒市から委託を受けて、生駒市認知症高齢者等見守り事業「認知症支え隊」を実施しています。

こんな悩みを持つかたと、電話や会場まで付添いができる隊員（ボランティア）をつなぐ住民同士ができる支え合いの活動を実施しています。

> サロンが楽しみなのに、日にちを忘れてしまって、今回も参加できなかったな…

昨年度、今年度で3回目となる認知症支え隊養成講座が実施されました。講座では認知症についての医学知識や支援の方法について学び、認知症のかたやご家族のお話を伺って理解を深めています。受講者同士の話合いでは活発な意見交換が行われ、認知症になっても暮らしやすいまちをつくろうとの熱い気持ちやる気を持ったたくさんのかたが隊員登録し、活動されています。

○ご利用についてのご相談は、生駒市地域包括ケア推進課または地域包括支援センターにご連絡ください。

ボランティア活動保険
更新手続きについて

令和元年度にご加入いただきましたボランティア活動保険の補償期間は、令和2年3月31日(火)までです。引き続き保険加入を希望されるかたは、令和2年度分の加入手続きが必要です。
4月1日から補償するためには、3月中に手続きをお願いします。
※用紙の配布は3月1日から行います

◆受付・問合せ
生駒市社会福祉協議会
Tel：75-0234

家計の不安
何でもお気軽にご相談下さい

借金や住宅ローン、税金の滞納、介護の費用など、生活に関わるお金について不安を感じていませんか。家計を見直すといっても、家計簿をつけたことがなく、ひと月の収支は把握できていない‥など。
司法書士と社協職員が家計の困り事をうかがい、解決策を考え、家計立て直しのお手伝いをします。

◆問合せ（午前9時～午後5時）
生駒市くらしとしごと支援センター
Tel：0120-883-132

ひとりで悩まず、お気軽にご相談ください。

相談の種類	相談員	とき	ところ	予約	連絡先
心配ごと相談	民生委員 児童委員	毎週木曜日 午後1時～午後4時	生駒セイセイビル 4階 （元町1-6-12）	—	社会福祉協議会 Tel 75-0234 Fax 73-0533
無料家計相談	司法書士 社協職員	1/8・2/12・3/11 午後1時30分～午後3時30分		要	生駒市くらしとしごと支援センター Tel 0120-883-132
成年後見制度 無料相談	司法書士 社協職員 （社会福祉士）	2/20・3/19（1月は休み） 午後1時30分～午後3時30分	生駒市 福祉センター （さつき台2-6-1）	要	生駒市権利擁護支援センター Tel 73-0780 Fax 73-0294 （日、月、祝日を除く）
高齢者・障がい者の ための無料法律相談	弁護士	1/23・2/13・2/27・3/12・3/26 午後1時30分～午後3時30分			

♪相談は無料で、秘密は固く守られます。日時など変更になる場合がありますので事前に電話でご確認ください。

善意銀行の預託者
（令和元年9月中旬～12月上旬）

●○○○○　●○○○○○○○○

（敬称略）

まとめ

見つけやすく、
読みやすく。

....

多くの情報をまとめる広報紙のデザインでは、記事の見つけやすさ、文章の読みやすさを優先させましょう。そのためには、ただ長文をギュウギュウに詰め込むのではなく、余白や画像を使って紙面にゆとりを持たせることがポイントです。そして、文章が主体となる広報紙では、わかりやすい言葉を選ぶことも大切です。常に読み手の立場になって、デザインをチェックしてみましょう。

5 時間目

高齢者のための
チラシデザイン

超高齢化社会に突入

高齢者にやさしいデザインを

  今、日本人の4人に1人が65歳以上の高齢者です。

60代以下の世代にはインターネットがかなり浸透していますが、高齢者の中には、まだまだ紙媒体で情報を得るのが主流の方も多くいらっしゃいます。

この先さらに高齢者が増えてくると、必然的にシニア世代をターゲットにしたデザインのニーズも増えることが予想されます。

この時間では、高齢者向けにチラシを作るとき、どんなことに配慮したら良いか、そのコツをお伝えしていきます。

高齢者向けデザイン
配慮したいポイント

1 わかりやすさ

2 読みやすさ

3 安心感

高齢者思いのチラシにするためのポイントは大きく3つです。

1つ目は「わかりやすさ」。
おじいちゃんおばあちゃんは、ややこしいのが苦手です。

2つ目は「読みやすさ」。文字の読みやすさですが、
注意するのはフォントサイズだけではありません。

そして最後は「安心感」。
これは高齢者向けに限りませんが、「なんかあやしい」と
不信感を持たれないためのポイントです。

1つずつ見ていきましょう。

高齢者向けデザインのコツ

① わかりやすさ

 まず1つ目は、わかりやすさです。

パッと見てわかりやすい、デザイン上のわかりやすさ。そして、

スッと文章が理解できる、言葉のわかりやすさにも配慮します。

これはチラシづくり全般で気を配りたいポイントではありますが、
高齢者に向けたデザインでは、特に重視すべき点です。

作例を見ながらご説明しましょう。

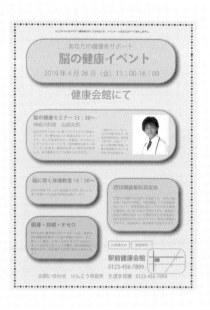

わかりにくい……

ここに架空の、「認知症予防イベント」のチラシがあります。

お察しの通り……これは NG 例です。
この NG 例を、もっと高齢者にやさしいデザインにしていきます。

たくさんの出し物があるイベントですので、「いろんなことやってるよ！」
というバラエティ感を出すため、カラフルにしたりといった工夫は感じ
られるんですが、パッと見て内容が伝わりにくいデザインになっています。

ではどういった点が、わかりにくさの原因になっているのでしょうか。

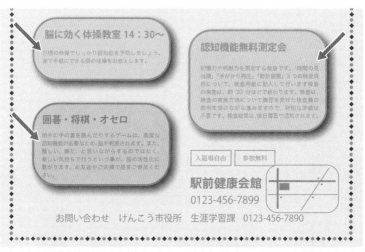

  ✕ 文字が多い

まず気になるのは、文字量です。矢印をつけた本文のところ。
懇切丁寧に長文でイベント内容を説明していますが、
こんなに細かく書いてあっても、残念ながら読まれません。

高齢者にとっては文字が多すぎるので、いろいろ書いてあるけれど
読むのが面倒、自分には関係ない、と思ってしまい、興味を引かない
チラシになっています。

説明が長かったり、イベントの必要性などをツラツラと
説いてしまいがちな本文ですが、読まれなければ本末転倒ですので、
ここは思い切って文字量をダイエットしましょう。

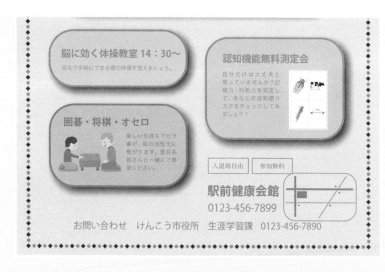

◎ 説明は**50字**前後が**読みやすい**

 では、どの程度の文字量が適切でしょうか。

スッと頭に入りやすい文字量は、だいたい1段落50字前後です。

こちらの例では、枠内の説明文をそれぞれ50字くらいに
ダイエットしてみました。
これはできれば、原稿を書く段階から気をつけたいポイントです。

また、文字を減らして空いたスペースに、図をプラスしました。
文章で長々と説明するよりも、目を引くイラストなどを入れたほうが
イメージがパッと伝わります。

◎ 説明は短く簡潔に

文字を減らしたところを拡大してみました。

長くなりがちな本文テキストはコンパクトに要点をまとめ、
あとはイメージ画像に置き換えました。

このチラシのゴールは、見ている人に「行ってみようかな」と
思ってもらうことです。

やることを全て細かく丁寧に伝えるよりも、
必要最低限の情報に絞り、簡潔にまとめましょう。

見出しが小さくて…

❓

❌ **内容がつかみにくい**

❓

さて、文字は減りましたが……、
まだパッと見て内容がつかみにくい印象がします。

そこで、4時間目にお伝えした「ジャンプ率」の登場です。
覚えていますか？（P.126参照）本文の文字サイズに対する、
タイトルや見出しの文字サイズの比率のことでしたね。

内容をつかみやすくするために、
見出しのジャンプ率を上げてみます。

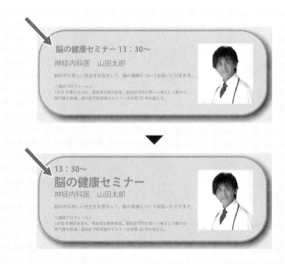

◎ 見出しの<u>ジャンプ率UP</u>

するとこんな感じです。グッとメリハリが出ましたね。

先ほど本文の文字数を減らした分、余白ができたので、
見出しを大きくして、位置も調節しました。

見出しのジャンプ率が上がったことで
見出しでしっかり視線が留まるようになりました。

こうすることで、チラシの細かい文字を読まなくても、
チラシの大まかな内容がつかめるようになります。

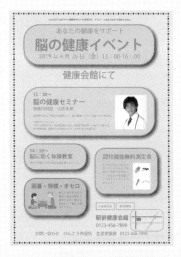

 ✕ **難しそう**

さぁ、文字数をダイエットし、見出しのジャンプ率が上がりました。
だいぶわかりやすくなりましたが、まだ気になるところがあります。

それは、使っている言葉が難しそう、ということです。

真面目な学会というわけではなく、楽しみながら認知症について
知ってほしいという主旨であれば、使う言葉はもっと親しみやすい、
簡単な言葉のほうが敷居が低くなります。

「脳の健康」「脳に効く」「認知機能無料測定会」。固いですね。
「囲碁・将棋・オセロ」で、ちょっとだけ楽しそうな感じはしますが。

全体的に難しくて固いイメージの言葉が選ばれています。

高齢者向けデザインの
NGワード

- ✕ 難しい・新しい
- ✕ 長い
- ✕ 英語・カタカナ
- ✕ 専門用語

 我が家のおばあちゃんは、広告を見ていてわからない言葉が出ると、「ややこしいからもうええわ」と見るのをやめてしまいます。わからないと、そこで終わってしまうんです。

難しい言葉、新しい言葉、長い言葉、英語や外来語、専門用語。

高齢者向けのチラシではできるだけこれらの言葉は避け、
高齢者に馴染みのあるわかりやすい言葉を選びます。

では、これを意識して、先ほどの作例に戻ります。

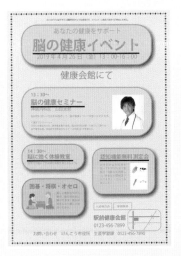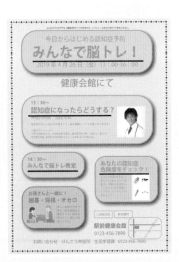

◎ <u>わかりやすい言葉を使う</u>

タイトルと見出しを、わかりやすい言葉に見直しました。

まずタイトル。「脳の健康イベント」よりも、
「みんなで脳トレ！」のほうが、楽しい雰囲気がしますね。

セミナーも、「脳の健康セミナー」よりも「認知症になったらどうする？」
など、講座を聞いてみたくなるタイトルが理想的です。

「認知機能無料測定会」。ガチガチの真面目なタイトルでしたが、
「あなたの認知症危険度をチェック！」にして、
ターゲットの興味を引く見出しになりました。

 言葉を変えたことで、だいぶ参加しやすいイメージになりました。

同じタイトルや見出しでも、身近な言葉を使ってわかりやすく、
興味を引くような言い回しを意識すると、グッと敷居が下がります。

これは本文で使う言葉も同様です。
高齢者の立場で実際に読み返してみると、ここは長いな、とか
この言い方は難しいかも、と感じる部分が見えてきます。

何回か読み返し、わかりにくい部分がないかチェックしてみましょう。

高齢者向けデザインのコツ ①

- ## 少ない文字数
- ## 高いジャンプ率
- ## 簡単な言葉

で、わかりやすく！

というわけで、高齢者にわかりやすく伝えるためには、

「少ない文字数」「高いジャンプ率」「簡単な言葉」。

このポイントを意識してみてください。

迷ったときは、一度周りの高齢者に実際に読んでいただくと
かなりリアルな反応が返ってきます。

「よくわからん」と突き返されなければ、合格です。

高齢者向けデザインのコツ

② 読みやすさ

　２つ目の高齢者向けデザインのポイントは「読みやすさ」です。
主に、本文の読みやすさを確保します。

文章を読みやすくするコツは4時間目でもお伝えしました。
「適材適所のフォント選び」と「余白と整列」がポイントでしたね。

高齢者向けのデザインでは、これに加えて3つのことに注意します。

「フォントサイズ」「行間」そして「色」です。

作例で詳しくご説明しましょう。

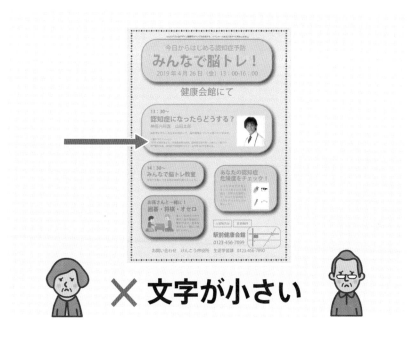

✕ 文字が小さい

先ほどの状態です。ジャンプ率を上げて、わかりやすい言葉に
なったのでタイトルや見出しはわかりやすくはなっていますが…
本文が小さすぎて読みにくいですね。

フォントサイズ、皆さんも日頃から気を配られているかと思いますが、
むやみに大きくしても、今度は見出しとのメリハリがつかなくなってし
まいます。

どの程度大きくすればいいのか、おすすめの設定はこちらです。

年代別おすすめ本文サイズ

30代以下

8ptの本文です。本文と見出しのジャンプ率は1.5～2倍あると良いでしょう。

50代前後

10ptの本文です。本文と見出しのジャンプ率は1.5～2倍あると良いでしょう。

70代以上

12ptの本文です。本文と見出しのジャンプ率は1.5～2倍あると良いでしょう。

一番上が、30代以下の若い世代がターゲットの場合。
真ん中は、ちょっと老眼が気になってきた50代前後。
そして最後は、70代以上がターゲットの場合のフォントサイズ例です。

メインターゲットの年齢に合わせて変えるように心がけましょう。

小学生低学年以下のお子さん向けのデザインも、
高齢者と同じように大きめの文字が良いでしょう。

ホホー！

印刷して読みやすさを確認！

ちなみに……PCで編集していたときはバッチリだったのに、
印刷してみたら、「字が小さかった！」「字が大きすぎた！」
という経験はないでしょうか。

これはディスプレイの解像度がまちまちだったり、拡大しながら編集
していたなど、画面上と実際の見え方に違いがあることが原因です。

私はこのギャップを解消するために、一通りフォントの設定をしたあと、
等倍で印刷して実際の見え方を必ず確認するようにしています。

実物を見てみると、行間が狭いなとか、ここが目立っていないとか、
フォント以外にも気づくことがたくさんありますので、
ちょくちょく印刷しながらバランスを確認してみてください。

◎ 本文のサイズUP

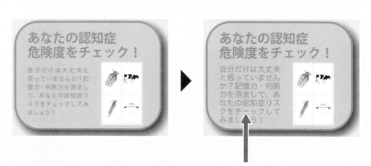

でも…
△ 行間がせまくなる

 さて作例に戻りまして、小さかった本文のサイズを
一回り大きくしました。読みやすくなりましたね。

読みやすくはなったのですが、サイズを上げたことで今度は
行間が詰まったように見えませんか？

4時間目でお話した通り、行間は行と行の間にある「余白」です。
文章の内容を理解するのに、上下の行があまりにも近いとお互いに
干渉してしまいます。

それを防ぐために、フォントサイズを変更したあとは
適度な行間を設定します。

△**行間1.0**
(PPT 初期設定)
複数行の文章ブロックでは、行間が狭いと読みにくくなってしまいます。狭すぎず、広すぎず、適度な行間を設定しましょう。

△**行間1.5**
(プルダウン 2 つ目の設定)
複数行の文章ブロックでは、行間が狭いと読みにくくなってしまいます。狭すぎず、広すぎず、適度な行間を設定しましょう。

◎**行間1.2**
(詳細設定)
複数行の文章ブロックでは、行間が狭いと読みにくくなってしまいます。狭すぎず、広すぎず、適度な行間を設定しましょう。

上は、PowerPoint の初期設定値 [1.0]。
真ん中はプルダウンメニューに出てくる次の選択肢 [1.5]。
下は、選択肢にはありませんが、詳細設定で倍率 [1.2] にした例です。

初期設定のままだとギュッと詰まった印象、[1.5] だと開きすぎてスカスカな感じ。その中間値 [1.2] 前後がおすすめです。

ソフトによって設定値は微妙に異なるんですが、このくらいの行間を取ることで、ちょうどよい読みやすさを確保できます。

……わかります、面倒ですよね（笑）。
でも、このちょっとの差が「読みやすい」と「読みにくい」のイメージの分かれ目になるんです。

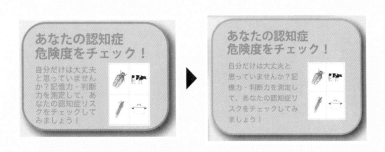

◎ 行間を広げて読みやすく

ではこれを意識して、作例の行間を広くしてみました。
比べると、だいぶ読みやすくなりましたね。

ここまで、「読みやすさ」を確保するために、フォントサイズを大きくして行間を広げました。そうすると、当然ながら広いエリアや余白が物理的に必要になってきます。

しかし、用紙サイズには限りがありますよね。だからこそ先ほどお伝えしたように、いかに短く簡潔な言葉を選ぶかがとても重要になってくるわけです。

言葉を考える作業もデザインの一部なんだということをぜひ意識していただきたいなと思います。

✕ コントラストが低い

 そして「読みやすさ」を確保するためのコツ。
2つ目は、色です。

年齢を重ねると、視覚のトラブルが増えてきます。だんだん視力が
弱くなったり、色を見分ける力「色覚」も弱くなってきます。

上図をご覧ください。先ほどのデザインから色の情報をなくし、グレー
画像にしてみたものが右側です。文字が一気に見えにくくなりました。
色覚の弱い方には、これに近いイメージで見えていることになります。

この見えにくさの原因は、
背景色と文字色の「コントラスト」が低いことです。

色のコントラスト＝明度の差

高コントラスト	低コントラスト
高コントラスト	低コントラスト
高コントラスト	

 ここで言うコントラストとは、色の明度（明るさ）の差です。
最大に高いのは、白と黒の組み合わせですね。

コントラストが高いと、パキッと活発なイメージがしたり、
視線が引きつけられる効果があります。上図で比べるとよくわかりますね。

逆にコントラストが低いと目立たず、穏やかな印象になりますが、
文字の可読性は下がり、読みにくくなってしまいます。

文字を読ませたいデザインでは、どんなターゲットでもある程度高い
コントラストが必要ですが、色覚の弱い高齢者がターゲットの場合は
特に意識して高めに設定することを心がけましょう。

 ▶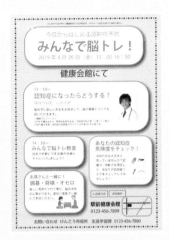

◎ コントラストを上げる

ではコントラストを意識して、作例に戻ります。

左側のビフォーでは、背景色と文字色のコントラストが低く、
文字が読みにくくなっていました。

右側のアフターでは、文字の背景色を白、本文の文字色を黒にして
コントラストを高くしました。

また、全体の背景色、薄い緑色の上にある緑色の文字や、
右下の地図も見えにくかったので、黒に統一しました。

背景色と文字色のコントラストが上がったことで、
文字がグッと読みやすくなりました。

高齢者向けデザインのコツ ②

- ## 大きめの文字
- ## 適度な行間
- ## 高いコントラスト

で、読みやすく！

というわけで、高齢者に読みやすいデザインにするには、

「大きめの文字」「適度な行間」「高いコントラスト」

この3つを意識してみてください。

ひとつひとつは小さなテクニックですが、
これらが合わさることでデザインの精度が上がり、
高齢者に見てもらいやすいチラシになります。

高齢者向けデザインのコツ

③ 安心感

さて。 さぁ、そして最後のポイントは「安心感」です。

最近は特殊詐欺などもありますし、知らないところが主催している
あやしいイベントには行きたくない、なんて用心されている方も
多いと思います。

そして悲しいかな、内容を知る前に、チラシの印象だけで
「なんだかあやしい」と判断されてしまうこともあります。

では、「なんだかあやしい」雰囲気を出さないようにするためには、
どうすれば良いでしょうか。

「安心感のあるデザイン」にするコツをご紹介していきましょう。

あやしく見えてしまうデザインの特徴

✕ 加工がきつい

「なんだかあやしい」デザイン、非常に主観的で曖昧ですが、
そう感じてしまうデザインの共通点を私ひとつ、見つけたんです。

それは「加工がきつい」デザインです。

例えば、文字の装飾、グラデーション、角丸、立体的に見せるベベル、
影を落とすドロップシャドウ、などの加工です。

あるある…

新春グランドゴルフ大会

新春グランドゴルフ大会

新春グランドゴルフ大会

✖ 大げさな立体加工

こうした加工、ソフト上でワンタッチで手軽にできるので便利で楽しい
んですけども、ワンタッチでかかる加工の多くは、どれもちょっと強め
に設定されているんですね。

例えば上図のようなタイトル。
存在感を出すためにこういった加工をされると思うんですが、
ご覧のように、タイトルの可読性や視認性が失われる上に、
あやしいイメージになってしまいます。

良かれと思って施した加工が、
残念な結果を招いてしまっているわけです。

✕ **お申込みはこちら >**

◎ **お申込みはこちら >**

弱めに、さりげなく

じゃあ加工しちゃダメなのかというと、そうではありません。

加工の詳細設定画面では、加工のかかり具合を調節できます。
おすすめは「弱めに、さりげなく」です。

特に立体効果ですね。影を落としたり、ボタンを立体的に見せたり。
これをきつくかけると、あやしいイメージになってしまいます。

効果をかける場合は弱めに、さりげなく。
設定は1か100かではなく、10か20くらいの設定でも
十分変化がつきますので、控えめにかけましょう。

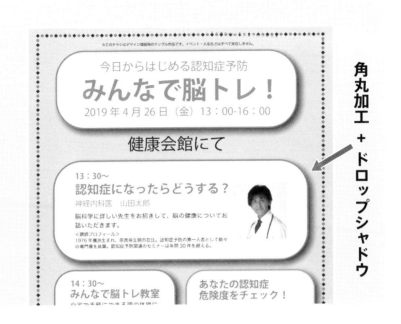

角丸加工 + ドロップシャドウ

 さぁ、では、改めて加工に注目して作例を見てみましょう。

このチラシでは各コンテンツを囲っている枠に、
ドロップシャドウを使っています。

そして、親近感を出す狙いで、枠の角を丸くしています。
これもちょっと、きつくかかりすぎています。

これらのかかり方を修正してみたものがこちらです。

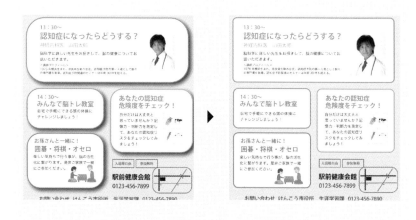

◎ 無駄な加工はカット

右側、パッと見の印象がだいぶスッキリしたのがわかりますか？
まず、角丸の半径を小さくしたことで、白枠内が広くなりました。

ドロップシャドウは、思い切ってカットしました。

カットしたのには2つ理由があります。

まず、立体的なデザインが機能的に必須ではなかったからです。

WEBやアプリなどでは、立体的にすることでボタンであることを
わかりやすく表現したりしますが、チラシ上では必要ありません。

加工をカットすると…

 ▶

◎ 余白がしっかり取れる

もうひとつの理由は、
シャドウをカットした分だけ余白がしっかり取れるからです。

影を落とした黒い部分は、余白ではなく枠線と同じ扱いになります。
つまり影の分だけ、無駄に場所を取ることになります。

特に必要のない加工のために余白が狭くなり、
見やすさが犠牲になってしまうのはもったいないですよね。

こんなふうに、加工は時として見づらさの原因になってしまうことがあ
ります。プラスに働くときは良いですが、マイナス要因になってしまう
ときは、思い切って使わないという選択肢も考えてみてください。

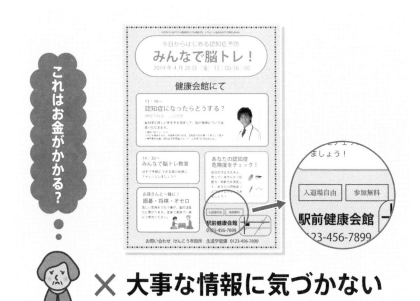

これはお金がかかる？

× 大事な情報に気づかない

 安心感をアップするための配慮として、もうひとつ。

おばあちゃんは、このチラシを見て疑問に思いました。
「このイベントはお金がかかるの？」

参加無料、入退場自由であることが今、右下に小さくちょろっと書いて
あります。隅々まで読めばわかるかもしれませんが、おばあちゃんは
気づきませんでした。

無料だったらまだしも、有料だったら「そんなこと知らなかった！」
なんてことになりかねません。

大事なことなので、もっと序盤でしっかり伝わると良いですね。

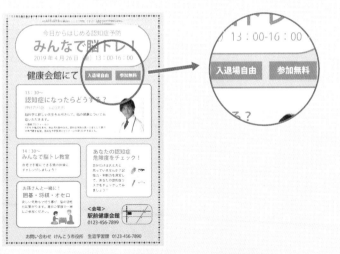

◎ 大事な情報は上部に

というわけで、先ほどの場所から、もっと目に入りやすい場所、
タイトルの近くに移動し、白抜き文字で目立たせてみました。

場所や開催日、費用などの重要な情報は、チラシの上部に固めると
パッと伝わりやすくなります。

大事な情報を目立つようにデザインすることと合わせて、
「あらかじめ寄せられそうな疑問や不安に対する答え」を
チラシの中に用意してあげると、見る人の安心感につながります。

ただし、詰め込み過ぎは逆効果になりますので、
優先順位をつけてレイアウトを考えましょう。

配色はこれでOK？

　　　そして安心感を出すためのコツ、最後は「配色」です。

先ほど文字を読みやすくするために、コントラストは調整しました。

今の状態を色に注目して見てみますと、背景は渋い竹色なのに、
載っているパーツはオレンジや水色など、割と鮮やかな色ですね。

方向性にまとまりがないので、最適化していきましょう。

高齢者がターゲットですが、「シニアカラー」というと、
皆さんどんな色を思い浮かべますか？

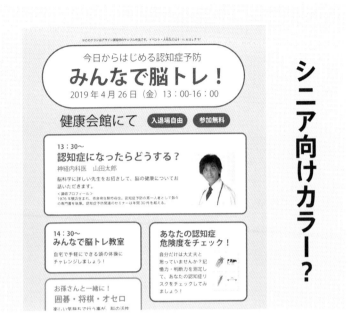

※このチラシはデザイン講座用のサンプル作品です。イベント・大名などは（　）本当します？

今日からはじめる認知症予防

みんなで脳トレ！

2019年4月26日（金）13：00-16：00

健康会館にて　入退場自由　参加無料

13：30〜
認知症になったらどうする？
神経内科医　山田太郎
脳科学に詳しい先生をお招きして、脳の健康についてお話いただきます。
＜講師プロフィール＞
1976年奈良生まれ。奈良県全斯市在住。認知症予防の第一人者として数々の専門書を執筆。認知症予防関連のセミナーは年間30件を超える。

14：30〜
みんなで脳トレ教室
自宅で手軽にできる頭の体操にチャレンジしましょう！

あなたの認知症危険度をチェック！
自分だけは大丈夫と思っていませんか？記憶力・判断力を測定して、あなたの認知症リスクをチェックしてみましょう！

お孫さんと一緒に！
囲碁・将棋・オセロ
楽しい気持ちで行う事が、脳の活性

シニア向けカラー？

なんとなーく、こんな色じゃないでしょうか。

「えんじ」とか「ベージュ」とか。
落ち着いた、和風の色合いを思い浮かべませんでしたか？

でも最近の高齢者の皆さん、とってもお元気ですよね。
ましてや、こういったイベントに出てみようかなと思える
活動的な皆さんは特に「自分をシニア扱いされたくない」という
気持ちを持たれているように思います。

ですので、企画の内容にもよりますが、シニア向けだからといって
あまり落ち着きすぎた配色にしてしまうと、逆に敬遠されることも
あります。

※このチラシはデザイン講座用のサンプル作品です。イベント・入札などはすべて実在しません。

今日からはじめる認知症予防

みんなで脳トレ！

2019年4月26日（金）13：00-16：00

健康会館にて 入退場自由 参加無料

13：30〜

認知症になったらどうする？

神経内科医　山田太郎

脳科学に詳しい先生をお招きして、脳の健康についてお
話いただきます。

<講師プロフィール>
1976年横浜生まれ。奈良県生駒市在住。認知症予防の第一人者として数々
の専門書を執筆。認知症予防関連のセミナーは年間30件を超える。

14：30〜

みんなで脳トレ教室

自宅で手軽にできる頭の体操に
チャレンジしましょう！

あなたの認知症
危険度をチェック！

自分だけは大丈夫と
思っていませんか？記
憶力・判断力を測定し
て、あなたの認知症リ
スクをチェックしてみ
ましょう！

お孫さんと一緒に！
囲碁・将棋・オセロ

楽しい気持ちで行う事が、脳の活性
化に繋がります。是非ご家族で一緒
にご参加ください。

<会場>
駅前健康会館
0123-456-7899

お問い合わせ けんこう市役所 生涯学習課 0123-456-7890

今回のように明るく楽しいイベントでしたら、
パッと明るいイメージのする配色がおすすめです。

青系をベースにすると、こんな感じですね。

清潔感があってさわやかに、知的なイメージになります。

暖色系だと、オレンジやピンク、イエローが人気です。

オレンジ系でまとめると、こんな感じです。

温かみや活気が感じられる配色ですね。

どれが一番、**<u>安心感</u>を感じる？**

先ほどの、渋い配色のものと並べてみます。

青はほかと比べると、ビジネス色が強く感じられますね。

配色でこれだけ印象が変わります。

さてここで質問です。

どの配色に、一番「安心感」を感じますか？

……私の予想ですと、

オレンジが人気を集めるはずなんですが（笑）、

いかがでしたでしょうか。

◎ 暖色系で親しみやすく

色の明るさや暗さは、文字通り明るい／暗いイメージに直結します。
なので和風の落ち着いたトーンは、やや暗いイメージに感じます。

寒色系はクールで知的に見えますが、あまり楽しい印象はしません。

暖色系、こんなふうにお日さまのような色合いは親しみを感じます。
皆さんでお気軽にどうぞ！と手を開いてくれているような、
そんな印象がしますね。

安心感を出したいときは、暖色をベースにした明るい配色が
おすすめです。

高齢者向けデザインのコツ ③

・ 加工は控えめに
・ 大事な情報は上部に
・ 暖色系の明るい配色

で、安心感を出そう！

というわけで、高齢者に「なんだかあやしい」と思わせないためには、

「加工は控えめに」
「大事な情報は上部に」
「暖色系の明るい配色」

この3つを押さえて、デザインに安心感を出しましょう。

BEFORE　　　　　　　　　　　AFTER

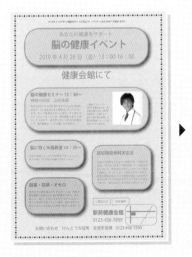

 では改めて、
初期状態からビフォー・アフターで比べてみます。

左側は、何とな〜く作ってしまったチラシ。
右側は、「これは高齢者が見る！」と意識しながら作ったチラシです。

ポイントを押さえるだけで、ここまで違いが出ます。

美的センスよりも前に、デザインにはひとつひとつ理由がある
ということを、おわかりいただけましたでしょうか。

高齢者向けデザイン
配慮したいポイント

1 **わかりやすさ**

2 **読みやすさ**

3 **安心感**

ということで、高齢者にやさしいデザインにするためのポイントを
ご紹介しました。

作例のようなイベントだけでなく、福祉・介護・医療系サービス、
健康食品など、高齢者がメインターゲットのデザインでは
ぜひこれらのポイントに配慮してみてください。

今回、高齢者にターゲットを絞っただけで、
これだけたくさんのデザインのコツをご紹介できました。
言葉の選び方から配色まで、ターゲットによってストライクゾーンが
変わるということを意識してデザインすると、
届けたい人にしっかり届くデザインになります。

5時間目のおさらいクイズ

Q.1　高齢者向けデザインで配慮したい 3 つのポイントは？

Q.2　高齢者向けデザインに使う言葉で望ましいのは？

① わかりやすく高齢者に馴染みのある言葉

② 見る人が見ればわかる専門的な言葉

③ 世間で流行っている若者言葉

④ 内容をしっかり説明した長い言葉

→ ヒントは P.186

Q.3　可読性を確保するために重要な「コントラスト」とは？

① 色の鮮やかさの差　② 色合いの違い

③ 色の明るさの差　④ 色の印象の違い

→ ヒントは P.198

Q.4　親しみや安心感を感じられる配色は？

① 青・緑などの寒色　② 紺や朱などの伝統色

③ オレンジ・黄などの暖色　④ 白やグレーなどモノトーン

→ ヒントは P.215

答えは裏面に

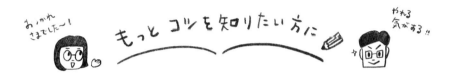

おつかれさまでした～！

もっと コツを知りたい方に

やれる気がする!!

素人デザインをほめられデザインに変えてきたプロが教える

やってはいけないデザイン

平本久美子[著]

ノンデザイナーさんのモヤモヤ解消！あなたのチラシ、ポスター、プレゼン資料、広報誌が必ず良くなる秘訣を教えます。

やってはいけないデザイン

平本久美子・著　　翔泳社　1,800 円＋税

ノンデザイナー向けのお助け本として定番の一冊。初心者がやってしまいがちなデザインのNG例と、すぐに試せる改善例をやさしく紹介しています。本書では紹介しきれなかった、配色サンプル、画像の扱い方、おすすめの無料素材サイトや無料フォントの一覧も。実践で迷ったときにおすすめ！

おわりに

前著『やってはいけないデザイン』が発売されてから、ありがたいことにデザイン講座の機会がグッと増えました。これまで、大阪、神奈川、東京、名古屋、福岡、長崎、香川、奈良、滋賀、山梨、鳥取などで登壇させていただきました。全国各地で、ノンデザイナーのデザイン力、広報力が求められていることを感じています。

ある地方自治体向けの講座の終わりに「これからはデザイン力が必要ということが自分でわかっていても、上司に不要だと言われると説明できない」というお悩みを伺いました。

ノンデザイナーに、デザイン力がなぜ必要か。
それは、「人を動かすため」という理由にほかなりません。

改めて想像してみてください。

A.「目立たない」「わかりにくい」「見にくい」ポスター
B.「目に留まる」「わかりやすい」「見やすい」ポスター

Bのほうが、多くの人に気づかれやすく内容も伝わりやすくなるのは、本書でご説明してきた通りです。その人から別の人へもまた、Aのポスターよりも伝わりやすくなります。

そしてAの欠点は全て、ちょっとしたデザインの工夫で改善できます。

デザインは一方的な伝達ではなく、それを見る人とのコミュニケーションです。見る人に何かを伝え、アクションを促すことが目的です。逆にデザインを無視すれば、そのアクションは起こりにくくなります。

デザインの必要性を感じていない人の多くは、「人を動かすために作る」という意識がないように思います。集客、販売、啓発など、必ず目的があって作っているはずなのに、そこに大きな矛盾を感じます。

わかりにくいデザインが原因で、ポスターの前を素通りされてしまうようなことが減っていけば、小さなマッチングがあちこちで生まれ、人の動きをより有意義な方向に変えられると私は信じています。

本書を参考にしていただき、皆さんのすばらしい活動が、届けたい人にしっかり届くデザインになることを願っています。

2020年 6月　平本 久美子

Special Thanks to.

これまでデザイン講座の機会を与えてくださった皆様、日本広報協会の皆様、講座を受講いただいた皆様。辛口なお直しも寛大に受け止めていただき、講座や本著のために快く作品をご提供くださった皆様。翔泳社の皆様、全国の書店、販売店の皆様。前著『やってはいけないデザイン』をお読みいただき、応援してくださった読者の皆様、そして親愛なる家族に、心より感謝を申し上げます。

■お問い合わせ
本書に関するご質問や正誤表については
下記のWebサイトをご参照ください。

刊行物Q&A
https://www.shoeisha.co.jp/book/qa/
正誤表
https://www.shoeisha.co.jp/book/errata/

インターネットをご利用でない場合は、FAX
または郵便にて、下記までお問い合わせくだ
さい。

〒160-0006 東京都新宿区舟町5
FAX番号：03-5362-3818
宛先：（株）翔泳社 愛読者サービスセンター

電話でのご質問はお受けしておりません。

●回答について
回答は、ご質問いただいた手段によってご返
事申し上げます。ご質問の内容によっては、
回答に数日ないしはそれ以上の期間を要する
場合があります。

●ご質問に際してのご注意
本書の対象を越えるもの、記述個所を特定さ
れないもの、また読者固有の環境に起因する
ご質問等にはお答えできませんので、予めご
了承ください。

ISBN978-4-7981-6670-4
Printed in Japan.

装丁・デザイン　平本 久美子
カバーイラスト　平本 剛規
協力　　　　　　杉江 耕平
編集　　　　　　本田 麻湖

失敗しないデザイン

2020年7月15日　初版第1刷発行
2020年9月10日　初版第2刷発行

著　者　　　平本 久美子（ひらもと くみこ）
発行人　　　佐々木 幹夫
発行所　　　株式会社 翔泳社
（https://www.shoeisha.co.jp）
印刷所　　　公和印刷株式会社
製本所　　　株式会社国宝社

©2020 Kumiko Hiramoto